Sagar Sankpal

Tendências da investigação científica

Sagar Sankpal

Tendências da investigação científica

ScienciaScripts

Imprint

Cover image: www.ingimage.com

This book is a translation from the original published under ISBN 978-620-7-80493-1.

Publisher:
Sciencia Scripts
is a trademark of
Dodo Books Indian Ocean Ltd. and OmniScriptum S.R.L publishing group

120 High Road, East Finchley, London, N2 9ED, United Kingdom
Str. Armeneasca 28/1, office 1, Chisinau MD-2012, Republic of Moldova, Europe
Printed at: see last page
ISBN: 978-620-7-80073-5

ÍNDICE DE CONTEÚDOS

CAPÍTULO 1

Estudo da relaxação dieléctrica numa mistura binária de moléculas polares utilizando a técnica TDR

A.V. Patil

Departamento de Física, I.C.S. College of Arts, Commerce and Science,

Khed-415 709, Maharashtra

Resumo

As propriedades dieléctricas do 1,2-dicloroetano com n-metilformamida foram determinadas a várias temperaturas utilizando a reflectometria no domínio do tempo (TDR) para 11 concentrações diferentes do sistema. Os parâmetros dieléctricos, nomeadamente a constante dieléctrica estática (ε_0) e o tempo de relaxação (τ), foram obtidos pelo método dos mínimos quadrados com o modelo de Debye. Para a gama de temperaturas, a constante dieléctrica e o tempo de relaxação aumentam com o aumento da fração molar de n-metilformamida em 1,2-dicloroetano. O excesso de permissividade e o excesso de tempo de relaxação inverso são encontrados para este sistema binário.

Palavras-chave: Parâmetros dieléctricos, Propriedades em excesso, Técnica dieléctrica por micro-ondas, N-metilormamida, 1,2-dicloroetano.

Introdução

A relaxação dieléctrica de misturas líquidas fornece informação sobre as interacções moleculares [1-5]. Neste trabalho, relatamos o estudo da relaxação dieléctrica de misturas binárias de moléculas diferentes a diferentes temperaturas e concentrações. A molécula de cloro do 1,2-dicloroetano (DE) e a N-metilformamida (NMF) são moléculas polares e diferentes. É interessante observar a interação intermolecular entre a molécula do grupo -Cl do 1,2-dicloroetano e a molécula do grupo -C=O da N-metilformamida.

Análise experimental e de dados

Produtos químicos

O 1,2-dicloroetano e a N-metilformamida (grau AR, Qualigens fine chemicals Pvt. Ltd., Bombaim, Índia) foram utilizados sem qualquer outra purificação. As soluções foram preparadas com 11 percentagens volumétricas diferentes de N-metilformamida em CB, de 0 % a 100 %. Utilizando estas percentagens volumétricas, a fração molar é calculada da seguinte forma

$$x = (v\, m_1\rho_{1/1}) / [(v\, m_1\rho_{1/1}) + (v\, m_2\rho_{2/2})] \quad (1)$$

em que m_i , v_i , eρ_i representam o peso molecular, a percentagem de volume e a densidade dos i^{th} (i=1, 2) líquidos, respetivamente.

Aparelhos

Os espectros de permissividade complexa foram estudados utilizando o método de reflectometria no domínio do tempo[6,7]. Foi utilizado o osciloscópio de amostragem Hewlett Packard HP 54750 com o módulo de encaixe HP 54754A TDR. Um impulso de tensão de 200 mv com um tempo de subida de cerca de 39 ps, gerado por um gerador de impulsos, foi propagado através de um sistema de linha coaxial de impedância 50 Ω . O sistema de linha de transmissão em teste foi colocado na extremidade da linha coaxial no conetor coaxial padrão para aplicações militares (SMA) com 3,5 mm de diâmetro externo e 1,35 mm de comprimento efetivo do pino. Todas as medições foram efectuadas em condições de carga aberta. A alteração do impulso após a reflexão da amostra colocada na célula foi monitorizada pelo osciloscópio de amostragem. Na experiência, foi utilizada uma janela de tempo de 5 ns. O impulso refletido sem a amostra R_l (t) e com a amostra R_x (t) foi digitalizado em 1024 pontos na memória do osciloscópio e transferido para um PC através de uma unidade de disquete de 1,44 MB.

Foi utilizado um sistema de controlo da temperatura com um banho de água e um termóstato para manter a temperatura constante dentro do limite de precisão de$\pm$ 0,5° C. A célula de amostragem está rodeada por um recipiente isolador de calor através do qual circula a água a temperatura constante utilizando um sistema de controlo da temperatura. A temperatura na célula é verificada com um termómetro eletrónico.

Análise de dados

Os dados dependentes do tempo foram processados para obter espectros de coeficientes de reflexão complexos ρ^* ($\square$) na gama de frequências de 10 MHz a 20 GHz utilizando a transformação de Fourier[8,9] como

$$^*\ \rho(\square)=(c/j\square d)[p(\square)/q(\square)] \quad (2)$$

em que p($\square$) e q($\square$) são as transformadas de Fourier de [R_1 (t) - R_x (t)] e [R_1 (t) + R_x (t)], respetivamente, c é a velocidade da luz, ω é a frequência angular, d é o comprimento efetivo do pino e j= $\sqrt{-1}$.

Os espectros de permissividade complexa ε^* ($\square\square\square$were obtidos a partir dos espectros de coeficiente de reflexão ρ^* ($\square$) aplicando o método de calibração bilinear[10]. A CB e a formamida foram utilizadas como líquidos de calibração.

Os valores experimentais de ε^* são ajustados $\square$with à expressão de Debye [11]

$$^*\ \varepsilon(\omega) = \varepsilon_\infty + \frac{\varepsilon_0 - \varepsilon_\infty}{1 + j\omega\tau} \quad (3)$$

com ε_0, ε_∞ , e τ como parâmetros de ajuste. Foi utilizado um método de ajuste não linear de mínimos quadrados [12] para determinar os valores dos parâmetros dieléctricos. O valor deε_∞ foi considerado como sendo 2 para todos os sistemas estudados, uma vez que, para a gama de frequências aqui considerada,ε^* não é sensível aε_∞ .

A informação relacionada com a interação dos líquidos 1 e 2 pode ser obtida através das propriedades de excesso[13] relacionadas com a permissividade e os tempos de relaxação na mistura. A permissividade em excesso ε^E é definida como

$$^E\ \varepsilon=(\varepsilon_0 - \varepsilon_\infty)_m -[(\varepsilon_0 - \varepsilon_\infty)_1 \square\square x_1 +(\square_0 \square\square\square\square_\infty \square_2 \square\square x_2] \quad (4)$$

em que x- fração molar e os sufixos m, 1, 2 representam a mistura, o líquido 1 e o líquido 2, respetivamente.

Do mesmo modo, o tempo de relaxação inverso em excesso é definido como

$$(1/\square)^E =(1/\square)_m -[(1/\square)\ x_{1\,1} +(1/\square)_2\ x_2] \quad (5)$$

onde $(1/\square)^E$ é o tempo de relaxação inversa em excesso que representa o alargamento médio dos espectros dieléctricos. A analogia do tempo de relaxação inverso é retirada do alargamento da linha espetral (que é o inverso do tempo de relaxação) na espetroscopia ressonante [14].

Os valores experimentais de ambos os parâmetros de excesso foram ajustados à equação de Redlich-Kister[15,16].

$$A^E = (x_1\, x\,)\, B_2 \sum_n {}_n (x_{1-}\, x\,)_2^n \quad (6)$$

em que A é ειτηερ ε^E ou (1/□)^E . O coeficiente B_n para n=0 a 3 é apresentado na tabela 2.

Resultados e discussão

Constante dieléctrica e tempo de relaxação do 1,2-dicloroetano com N-metilformamida

A variação da constante dieléctrica estática (ε_0) e do tempo de relaxação (□) com a fração molar de amidas a várias temperaturas é mostrada na figura 1 para o sistema DE + N-metilformamida. Observa-se que a adição de N-metilformamida no DE, variação nos valores das constantes dieléctricas estáticas e tempos de relaxação são tabulados na tabela 1. Neste sistema, a constante dieléctrica estática e o tempo de relaxação aumentam com a adição de NMF em DE. Os valores das constantes dieléctricas estáticas aumentam lentamente na região rica em DE e aumentam espontaneamente na região rica em N-metilformamida do sistema para todas as temperaturas do sistema. O tempo de relaxação também aumenta linearmente com o aumento das amidas no sistema. Este aumento da constante dieléctrica estática com a adição de NMF em DE, indica que o tamanho molecular do sistema aumenta.

Propriedades de excesso de 1,2-dicloroetano com N-metilformamida

Os valores experimentais de ambos os parâmetros de excesso foram ajustados à equação de Redlich-Kister. O coeficiente B_n para n=0 a 3 está listado na tabela 2. Os valores de B_0, B_1, B_2 e B_3 são negativos para todos os sistemas. Este facto fornece informações sobre a formação de multímeros na mistura. Como os significados físicos de B_0 , B_1 , B_2 e B_3 estão correlacionados com as taxas de formação de multímeros da seguinte forma:

B_0 representa a taxa de formação do dímero DE-NMF

B_1 representa a taxa de formação do trímero 2 DE-NMF

B_3 representa a taxa de formação de quarteadores 2 DE-2 NMF

B_4 representa a taxa de formação do pentâmero 3 DE-2 NMF

O sinal negativo representa uma formação mais favorável, enquanto o sinal positivo representa uma rutura mais favorável.

Tabela 1 Constante dieléctrica e tempo de relaxação para a mistura DE + N-metilformamida [a]

x_2	T=15 C°	T=25 C°	T=35 C°	T=45 C°
		ε_0		
0.0000	10.88(0)	10.43(0)	10.10(0)	9.82(0)
0.1340	13.61(3)	11.11(1)	10.25(4)	9.95(2)
0.2582	22.12(9)	16.06(2)	13.14(8)	10.09(1)
0.3737	33.25(7)	24.44(3)	16.25(1)	12.25(2)
0.4814	51.34(1)	37.56(1)	28.43(2)	20.35(2)
0.5820	73.55(6)	56.61(2)	42.24(8)	32.04(3)
0.6762	102.19(2)	83.35(5)	64.55(2)	51.40(3)
0.7646	122.24(3)	100.09(1)	79.22(6)	64.54(3)
0.8478	144.65(4)	123.23(5)	102.01(3)	85.77(6)
0.9261	161.16(3)	144.11(1)	126.65(6)	110.12(2)
1.0000	181.65(0)	176.54(0)	156.60(0)	143.80(0)
		τ (ps)		
0.0000	11.47(0)	10.71(0)	10.12(0)	9.92(0)
0.1340	42.23(3)	31.31(5)	21.98(9)	14.11(6)
0.2582	61.01(2)	48.52(2)	34.47(6)	21.21(1)
0.3737	78.33(5)	60.11(3)	46.21(8)	29.76(6)
0.4814	91.66(8)	71.27(6)	55.63(5)	38.32(2)
0.5820	104.11(1)	80.64(4)	65.71(8)	47.04(7)

0.6762	115.12(5)	90.88(2)	76.34(3)	55.62(4)
0.7646	128.09(1)	97.81(5)	83.43(8)	61.84(8)
0.8478	134.63(4)	104.09(4)	90.34(3)	68.72(7)
0.9261	144.81(3)	115.14(6)	98.62(5)	80.66(9)
1.0000	155.60(0)	125.23(0)	109.63(0)	98.11(0)

[a]x_2 é a fração molar de N-metilformamida na mistura DE. Os valores entre parênteses representam erros, por exemplo, 161,16(3) significa 161,16± 0,03, 31,31(5) significa 31,31± 0,5.

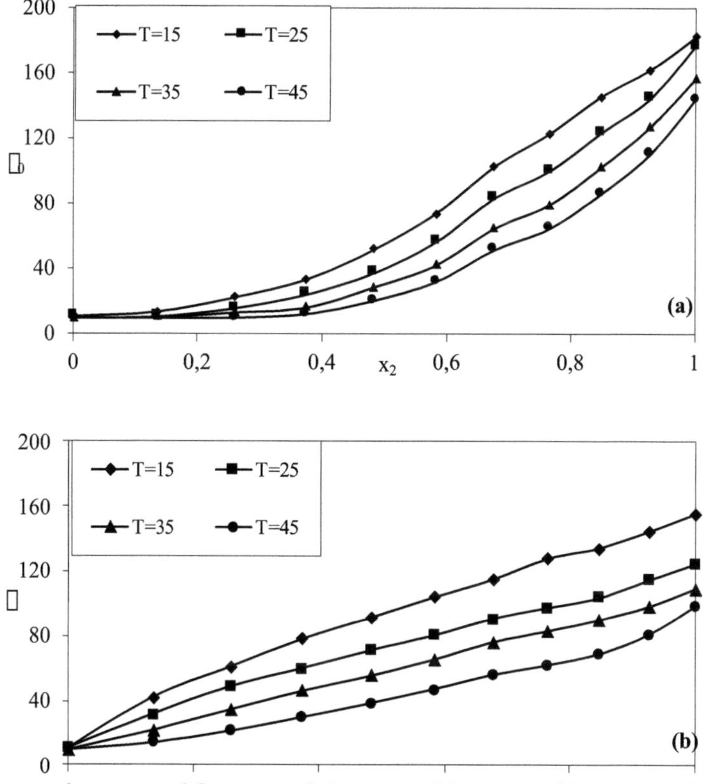

Figura 1 (a) Variação de ε_0 versus fração molar de N-metilformamida em DE a várias temperaturas.

(b) Variação de τ versus fração molar de N-metilformamida em DE a várias temperaturas.

A permissividade excessiva pode fornecer informações qualitativas sobre a formação de multímeros na mistura da seguinte forma:

(i) $\varepsilon^E = 0$ indica que os líquidos 1 e 2 não interagem de todo.

(ii) $\varepsilon^E < 0$ indica que a interação dos líquidos 1 e 2 é tal que os dipolos efectivos totais se reduzem. Os líquidos 1 e 2 podem formar multímeros que conduzem a dipolos menos eficazes.

(iii) $\varepsilon^E > 0$ indica a interação dos líquidos 1 e 2 de tal forma que o momento de dipolo efetivo total aumenta. Há uma tendência para formar multímeros, com o dipolo alinhado na direção paralela.

A informação relativa à dinâmica das interacções dos líquidos 1 e 2 a partir deste excesso de tempo de relaxação inversa é a seguinte

(i) $(1/\square)^E = 0$: Não há alteração na dinâmica da interação dos líquidos 1 e 2.

(ii) $(1/\square)^E < 0$: A interação dos líquidos 1 e 2 produz um campo tal que os dipolos efectivos rodam lentamente.

(iii) $(1/\square)^E > 0$: A interação dos líquidos 1 e 2 produz um campo tal que os dipolos efectivos rodam rapidamente, ou seja, o campo coopera na rotação dos dipolos.

Quadro 2 B_n coeficientes da equação de Redlich-Kister

T/ C°	Permissividade excessiva				Excesso de tempo de relaxamento inverso			
	B_0	B_1	B_2	B_3	B_0	B_1	B_2	B_3
DE + N-metilformamida								

15	-159.66	95.89	62.86	-89.60	-138.49	122.07	-225.69	225.39
25	-202.94	38.57	1.73	-149.96	-143.27	128.24	-202.65	188.76
35	-209.15	-12.85	3.03	-99.90	-144.81	119.73	-139.15	112.37
45	-214.92	-31.04	-17.41	-127.64	-124.12	78.29	15.82	-37.78

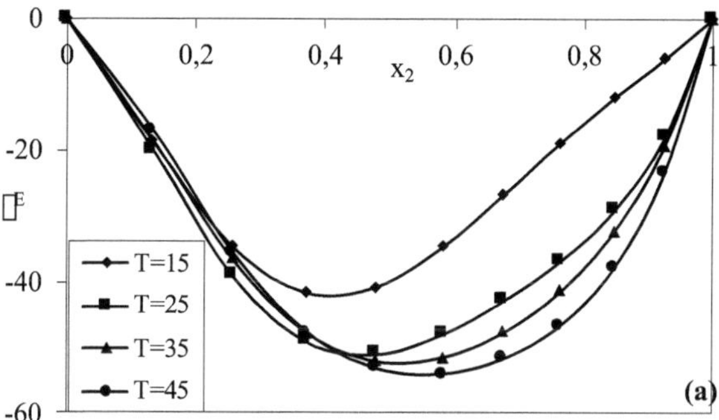

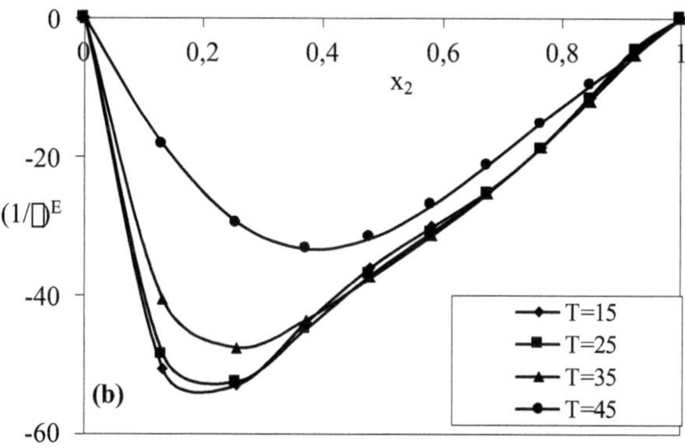

Figura 2.

(a) ε^E □versus fração molar de N-metilformamida em DE.

(b) $(1/\tau)^E$ versus fração molar de N-metilformamida em DE.

Os valores da constante dieléctrica em excesso e do tempo de relaxação inversa em excesso são negativos para todas as concentrações e temperaturas de N-metilformamida em DE. O pico negativo é observado a 0,5820 e 0,2582 fracções molares de N-metilformamida no sistema para todas as temperaturas para o excesso de constante dieléctrica e tempo de relaxação inverso, respetivamente.

Os valores da constante dieléctrica em excesso e do tempo de relaxação inversa em excesso são negativos para todas as concentrações e temperaturas de N-metilformamida em DE. O pico negativo é observado a 0,5820 e 0,2582 fracções molares de N-metilformamida no sistema para todas as temperaturas para a constante dieléctrica em excesso e o tempo de relaxação inverso, respetivamente. Os valores negativos do excesso de constante dieléctrica indicam um alinhamento antiparalelo dos dipolos dos sistemas. Os valores negativos do excesso de tempo de relaxação inverso indicam a rotação mais lenta dos dipolos do sistema.

Conclusão

Neste trabalho são apresentados parâmetros de relaxação dieléctrica para amidas com mistura de DE a várias concentrações e temperaturas. Estes dados fornecem informações sobre a interação soluto-solvente em líquidos. O valor das constantes dieléctricas estáticas e o tempo de relaxação aumentam com a adição de amidas no DE dos sistemas.

Referências

[1] V. P. Pawar and S. C. Mehrotra, Dielectric relaxation study of dimethylene chloride with ethanol using time domain reflectometry, J. Mol. Liq., 108(3), 95-105 **(2003)**

[2] R. J. Sengwa, R. Chaudhary e S. C. Mehrotra, o estudo da relaxação dieléctrica em misturas de propilenoglicol-poli(propilenoglicol), polímero, 43, 1467-1471 **(2002)**

[3] M. Malathi, R. Sabesan e S. Krishnan, Estudos dieléctricos de complexos de ligação H de formamida e acetamida com fenóis substituídos, J. Mol. Liq., 109, 11-18 **(2004)**

[4] V. P. Pawar, A. V. Patil, A. R. Patil e S. C. Mehrotra, Estudo de relaxação dieléctrica da interação soluto-solvente entre cloreto de dimetileno e dimetilformamida utilizando reflectometria no domínio do tempo, J. Mol. Liq., 155, 16-19 **(2010)**

[5] R. J. Sengwa, Sonu Sankhla, Vinita Khatri e Shobhna Choudhary, Permissividade estática e interacções moleculares em misturas binárias de etanolamina com álcoois e amidas, Fluid Phase Equilibria, 293, 137-140 **(2010)**

[6] V. P. Pawar and S. C. Mehrotra, Dielectric relaxation study of liquids having chloro group with associated liquids I; chlorobenzene with methanol, ethanol and 1-propanol, J. Sol. Chem., 31(7), 559-576 **(2002)**

[7] V. P. Pawar, S. C. Mehrotra, Estudo de relaxação dieléctrica do grupo cloro com líquidos associativos. II. 1,2-dicloroetano com metanol, etanol e 1-propanol. J. Sol. Chem., 31(7), 577-588 **(2002)**

[8] C. E. Shannon, Communication in the presence of noise, Proc. IRE, 37, 10-21 **(1949)**

[9] H. A. Samulon, Spectrum analysis of transient response curves, Proc. IRE. 1, 39, 175-186 **(1951)**

[10] R. H. Cole, J. G. Berberian, S. Mashimo, G. Chryssikos, A. Burns e E. Touban, Time domain reflection methods for dielectric measurements to 10 GHz, J. Appl. Phys., 66, 793-802 **(1989)**

[11] P. Debye, Polar Molecule, Chemical Catalog, Dover, NY **(1929)**

[12] P. R. Bevington, Data reduction and error analysis for the physical sciences, McGraw Hill, Nova Iorque **(1969)**

[13] M. Tabellout, P. Lanceleur, J. R. Emery, D. Hayward e R. A. Pethrick, Dielectric, ultrasonic and carbon-13 nuclear magnetic resonance relaxation measurements of t-butyl alcohol-water mixtures, J. Chem. Soc. Faraday Trans., 86(9), 1453-1501 **(1990)**

[14] S. C. Mehrotra e J. E. Boggs, Effect of collison-induced phase shifts on the line widths and line shifts of rotational spectral lines, J. Chem. Phys., 66, 5306-5312 **(1977)**

[15] M. I. Aralaguppi, T. M. Aminabhavi, R. H. Balundgi e S. S. Joshi, Interacções termodinâmicas em misturas de bromofórmio com hidrocarbonetos, J. Phys. Chem, 95, 5299 **(1991)**

[16] S. F. Al-Azzawl, A. M. Awwad, A. M. Al-Dujaili e M. K. Al-Noori, Constante dieléctrica e excesso de volume de pirrolidona+água a várias temperaturas, J. Che. Engg. Data., 35, 463 **(1990)**

CAPÍTULO 2

Efeito dos pesticidas no crescimento das plantas e no ambiente

V. Jangam, V. Wagh*, Y. Umraskar, S.R. Wadekar,

M.S. Hate, R.S. Chaughule

Departamento de Química, Colégio Autónomo Ramnarain Ruia,

Mumbai, Índia

*Autor correspondente Correio eletrónico: vishalwagh652@gmail.com

---

Resumo

A procura crescente de alimentos e produtos hortícolas na Índia, impulsionada pelo crescimento demográfico, levou os agricultores a intensificar os esforços de produção. No entanto, na sua tentativa de satisfazer esta procura, muitos agricultores recorrem à utilização de pesticidas químicos sem um conhecimento ou compreensão adequados das suas potenciais consequências. Esta utilização indiscriminada de pesticidas químicos não só conduz a uma perda anual impressionante da produção alimentar, estimada em 45%, como também constitui uma ameaça significativa para a sustentabilidade agrícola e ambiental. O estudo investiga os efeitos dos pesticidas tanto no crescimento das plantas como na sustentabilidade ambiental. Os efeitos nocivos dos pesticidas químicos vão para além da redução do rendimento das culturas. Perturbam a fertilidade do solo, impedem o crescimento das plantas e contribuem para a poluição ambiental. As fontes de água contaminadas, em particular, representam um risco grave tanto para os ecossistemas como para a saúde humana. Os resíduos destes pesticidas nos produtos hortícolas têm sido associados a vários problemas de saúde, incluindo cancro e distúrbios neurológicos, o que realça a necessidade urgente de estratégias alternativas de gestão das pragas. Uma dessas alternativas que está a ganhar força é a adoção de pesticidas naturais e de práticas agrícolas sustentáveis. Os pesticidas naturais, derivados de extractos de plantas ou de outras fontes orgânicas, permitem um controlo orientado das pragas, minimizando os efeitos adversos no ambiente e na saúde humana e, em alternativa, são aplicados às plantas vários tipos e concentrações de pesticidas, sendo os seus parâmetros de crescimento meticulosamente monitorizados. Ao adotar métodos agrícolas naturais, os agricultores podem aumentar a produtividade das culturas, melhorar a saúde dos solos e salvaguardar os recursos naturais para as gerações futuras. Os resultados lançam luz sobre a complexa interação entre a utilização de pesticidas, a produtividade agrícola e a integridade do ecossistema.

Palavras-chave: sustentabilidade agrícola, pesticidas químicos, poluição ambiental, riscos para a saúde, ***pesticidas*** naturais

Introdução

Os pesticidas desempenham um papel crucial na agricultura moderna, controlando os parasitas e melhorando o rendimento das culturas. A sua utilização generalizada tem suscitado preocupações quanto ao seu impacto no crescimento das plantas e no ambiente. Compreender os efeitos dos pesticidas nas plantas e nos ecossistemas circundantes é essencial para práticas agrícolas sustentáveis e para a conservação do ambiente. Os pesticidas englobam uma gama diversificada de substâncias químicas concebidas para atacar e eliminar pragas, incluindo insectos, ervas daninhas e fungos. Embora os pesticidas protejam eficazmente as culturas contra os danos, podem também ter consequências indesejadas para os organismos não visados, a saúde do solo, a qualidade da água e a biodiversidade. O presente documento tem por objetivo explorar os efeitos multifacetados dos pesticidas no crescimento das plantas e no ambiente. Através da análise da investigação existente e da realização de novas experiências, procuramos elucidar os mecanismos pelos quais os pesticidas influenciam a fisiologia das plantas, bem como as suas ramificações ecológicas mais vastas. A compreensão destes efeitos é crucial para o desenvolvimento de estratégias de mitigação dos riscos relacionados com os pesticidas, assegurando simultaneamente a produtividade agrícola e a sustentabilidade ambiental.

Revisão da literatura:

Estudos recentes sobre os efeitos dos pesticidas no crescimento das plantas e no ambiente destacam várias conclusões e tendências importantes. Os estudos continuam a salientar os diversos impactos dos pesticidas na fisiologia das plantas, incluindo os efeitos no crescimento, no desenvolvimento e nas respostas ao stress. Por exemplo, a investigação elucidou o papel dos pesticidas na perturbação da regulação hormonal, na alteração da absorção de nutrientes e na diminuição da eficiência fotossintética (gupta et al., 2023). Além disso, existe uma preocupação crescente com as consequências ecológicas da utilização de pesticidas, nomeadamente em termos dos seus efeitos nos organismos não visados e na dinâmica dos ecossistemas. Investigações recentes documentaram os efeitos adversos dos pesticidas nos insectos benéficos, nos micróbios do solo e nos organismos aquáticos, salientando a necessidade de estratégias de gestão integrada das pragas que minimizem os danos colaterais à biodiversidade (jeschke et al., 2021). Em resposta a estes desafios, há um interesse crescente em explorar abordagens alternativas ao controlo de pragas que reduzam a dependência de pesticidas químicos. Os biopesticidas, derivados de fontes naturais como plantas, bactérias e fungos, surgiram como alternativas promissoras com menos impactos ambientais e riscos reduzidos de resistência a pesticidas (regnault-roger et al., 2022). Além disso, estudos recentes sublinharam a importância dos factores socioeconómicos na definição dos padrões e resultados da utilização de pesticidas. A pesquisa destacou disparidades na exposição a pesticidas e riscos à saúde entre trabalhadores agrícolas e comunidades marginalizadas, ressaltando a necessidade de políticas e intervenções que promovam o acesso equitativo a práticas seguras e sustentáveis de manejo de pragas (london et al., 2021). Em geral, a literatura atual reflete uma consciência crescente das complexidades que envolvem o uso de pesticidas e suas implicações para a saúde das plantas, a integridade do ecossistema e o bem-estar humano. A resposta a estes desafios exige uma colaboração interdisciplinar, abordagens de investigação inovadoras e esforços concertados para a transição para práticas agrícolas mais sustentáveis.

Hipótese:

As hipóteses relativas ao efeito dos pesticidas no crescimento das plantas e no ambiente podem incluir:

1. Impacto positivo no crescimento das plantas: os pesticidas podem levar a um maior crescimento das plantas, protegendo-as de pragas e doenças, permitindo-lhes prosperar.

2. Impacto negativo no crescimento das plantas: os pesticidas podem prejudicar o crescimento das plantas ao perturbarem a saúde do solo, ao reduzirem a disponibilidade de nutrientes ou ao causarem toxicidade direta nas plantas.

3. Danos ambientais: os pesticidas podem prejudicar organismos não visados, como insectos benéficos, aves e vida aquática, perturbando os ecossistemas e a biodiversidade.

4. Bioacumulação: os pesticidas podem acumular-se no ambiente ao longo do tempo, atingindo potencialmente níveis nocivos nos organismos superiores da cadeia alimentar.

5. Desenvolvimento de resistências: a utilização contínua de pesticidas pode levar ao desenvolvimento de resistências nas pragas, exigindo produtos químicos mais fortes ou métodos alternativos, o que agrava os impactos ambientais.

Desenho experimental:

1. Preparação de pesticidas orgânicos:

Extração de triphala, neem e curcuma:

- Medir quantidades iguais de triphala, neem e curcuma em pó (por exemplo, 100 gramas de cada).

- misturar bem os pós num recipiente não reativo.

- adicionar água gradualmente, mexendo até formar uma pasta espessa.

- deixar a mistura repousar durante 24 horas para permitir a extração dos compostos activos.

- Após 24 horas, coar a mistura com um coador de malha fina ou com um pano de algodão para obter o extrato líquido.

- guardar a solução extraída num recipiente limpo e hermético para utilização futura.

2. Pulverização do pesticida orgânico:

- diluir a solução extraída com água numa proporção de 1:5 (por exemplo, 200 ml de extrato para 1 litro de água).

- transferir a solução diluída para um frasco de spray ou pulverizador limpo.

- assegurar que as plantas estão secas antes da pulverização para maximizar a absorção.

- pulverizar a solução uniformemente em ambos os lados das folhas e caules das plantas.

- repetir o processo de pulverização de uma em uma semana ou sempre que necessário.

3. Testes de propriedades antibacterianas:

- preparar placas de ágar nutriente de acordo com as instruções do fabricante.

- inocular as placas de ágar com uma suspensão padronizada de bactérias e. Coli.

- Dividir cada placa de ágar em secções e rotular em conformidade.

- Aplicar uma pequena quantidade de cada pesticida (orgânico e artificial) em secções separadas das placas de ágar, utilizando uma zaragatoa esterilizada ou um conta-gotas.

- incubar as placas à temperatura óptima para o crescimento da e. Coli (normalmente cerca de 37°c) durante 24-48 horas.

- Após a incubação, medir e comparar as zonas de inibição em torno de cada aplicação de pesticida para avaliar a atividade antibacteriana.

Interpretação dos resultados:

Os resultados do teste antibacteriano indicam a eficácia de vários extractos naturais e de uma solução artificial contra *E. coli.* Eis os resultados resumidos: solução de neem: diâmetro da zona de inibição = 0,6 mm, solução de triphala: diâmetro da zona de inibição = 0,9 mm, solução de curcumina: diâmetro da zona de inibição = 0,4 mm, solução artificial: diâmetro da zona de inibição = 0,1 mm.

A partir dos resultados, pode concluir-se que, entre as soluções testadas, o triphala apresentou a maior atividade antimicrobiana contra a *E. coli*, seguido do neem, da curcumina e da solução artificial. Isto sugere que os extractos naturais como o trifala e o neem podem ter potencial como agentes antimicrobianos contra a E. coli.

4. Análise do solo:

- recolher amostras de solo das zonas onde foram pulverizados pesticidas, assegurando a recolha de amostras de diferentes locais dentro de cada zona para garantir a sua representatividade.

- medir o pH de cada amostra de solo utilizando um medidor de pH calibrado ou um kit de teste de pH seguindo protocolos normalizados.

- efetuar uma análise da matéria orgânica utilizando métodos como o método da perda por ignição para determinar a percentagem de matéria orgânica presente no solo.

5. Interpretação dos resultados:

N.º de amostras a analisar	pH	matéria orgânica
amostra 1	7.48	2.06%
amostra 2	7.68	3.58%

Ao longo de todo o processo, mantenha as devidas precauções de segurança, incluindo a utilização de equipamento de proteção adequado e o cumprimento das instruções de manuseamento de pesticidas e culturas bacterianas para garantir a sua segurança e a do ambiente.

Pontos fortes, pontos fracos, oportunidades e ameaças:

Pesticidas artificiais:

Pontos fortes: altamente eficaz, concebido para parasitas específicos, prazo de validade mais longo.

Pontos fracos: poluição ambiental, desenvolvimento de resistência, preocupações com a saúde humana.

Oportunidades: investigação para formulações mais seguras, integração com métodos sustentáveis.

Ameaças: controlo regulamentar, procura de alternativas ecológicas por parte do público.

Pesticidas orgânicos:

Pontos fortes: mais seguro para o ambiente e a saúde, menos resistente, biodegradável.

Pontos fracos: menos potente, espetro limitado, prazo de validade mais curto, custo mais elevado.

Oportunidades: procura crescente por parte dos consumidores, investigação para melhorar a eficácia.

Ameaças: disponibilidade limitada, escalabilidade, controlo inconsistente, potencial utilização indevida.

Estudo comparativo sobre o efeito dos pesticidas no ambiente:

Os pesticidas artificiais podem ter efeitos adversos significativos no ambiente. Podem contaminar o solo, a água e o ar, prejudicando não só as pragas visadas, mas também insectos, aves e animais benéficos. Os pesticidas podem perturbar os ecossistemas ao matarem espécies não visadas, conduzindo a desequilíbrios na biodiversidade. Além disso, podem acumular-se na cadeia alimentar, colocando em risco os organismos de níveis tróficos superiores, incluindo os seres humanos. Além disso, os pesticidas podem contribuir para o desenvolvimento de pragas resistentes aos pesticidas, tornando mais difíceis os futuros esforços de controlo das pragas. O escoamento dos campos tratados com pesticidas pode poluir as massas de água, afectando a vida aquática e potencialmente prejudicando a saúde humana. Além disso, alguns pesticidas persistem no ambiente durante longos períodos, causando danos a longo prazo nos ecossistemas.

De um modo geral, a utilização generalizada de pesticidas artificiais exige uma análise cuidadosa dos seus impactos ambientais e a adoção de práticas sustentáveis de gestão das pragas. Em comparação com os pesticidas orgânicos, os pesticidas artificiais têm geralmente níveis de toxicidade mais baixos e degradam-se mais rapidamente no ambiente, reduzindo o risco de danos a longo prazo para os ecossistemas. Apresentam frequentemente menos riscos para os organismos não visados e são menos susceptíveis de contribuir para a resistência aos pesticidas. Além disso, as práticas agrícolas biológicas, incluindo a utilização de pesticidas biológicos, promovem a saúde do solo e a biodiversidade, contribuindo para sistemas agrícolas mais sustentáveis. Em geral, os pesticidas orgânicos podem ser uma ferramenta valiosa para a gestão de pragas, minimizando os impactos negativos no ambiente.

Resumo dos resultados:

1. Crescimento das plantas: os pesticidas orgânicos levaram a um melhor crescimento das plantas em comparação com os pesticidas artificiais. Isto sugere que as alternativas naturais, como os extractos de triphala, neem e curcuma, influenciam positivamente a saúde e o desenvolvimento das plantas.

2. Propriedades antibacterianas: os resultados do teste antibacteriano mostraram que o triphala exibiu a maior atividade antimicrobiana contra a E. Coli, seguido do neem e da curcuma. Isto indica o potencial dos extractos naturais para servirem como agentes antimicrobianos eficazes, contribuindo para a saúde das plantas e reduzindo o risco de infecções bacterianas.

3. Análise do solo: as amostras de solo das zonas tratadas com pesticidas orgânicos revelaram níveis favoráveis de pH e teor de matéria orgânica, indicando uma melhoria da saúde do solo em comparação com as zonas tratadas com pesticidas artificiais. Este facto sugere que os pesticidas orgânicos podem contribuir para melhorar a fertilidade do solo e a integridade do ecossistema. Em geral, as observações destacam a eficácia e os benefícios ambientais da utilização de pesticidas naturais em vez de artificiais, sublinhando a importância de adotar práticas agrícolas sustentáveis para promover o crescimento das plantas, a sustentabilidade ambiental e a saúde humana.

Referências:

1) Jeyaratnam, J. (1990). Acute pesticide poisoning: a major global health problem. World Health Statistics Quarterly, 43(3), 139-144.
2) Singh, H. P., batish, D. R., Kaur, G., Arora, K., & Kohli, R. K. (2009). Pesticide pollution in agricultural areas and its effect on surface and groundwater quality (Poluição por pesticidas em áreas agrícolas e seu efeito na qualidade das águas superficiais e subterrâneas). Journal of hazardous materials, 248-255.
3) Singh, H. P., Batish, D. R., kaur, G., & Kohli, R. K. (2009). Interacções pesticida-ervas daninhas: uma perspetiva ecológica. Revisões críticas em ciências vegetais, 28(4), 268-297.
4) Singh, A., sharma, R. K., & Agrawal, M. (2010). Effects of pesticide and heavy metal contamination on soil microflora in agricultural soils of varanasi, india. Toxicologia e química ambiental, 92(1), 189-200.
5) Sharma, P., & Kumar, A. (2016). Impacto dos pesticidas no ambiente. In recent trends in environmental science and engineering (pp. 115-134). Springer, Singapura.
6) Rao, G. V. R., & Rama, M. (2000). Impacto dos pesticidas nos insectos benéficos. Journal of ecotoxicology and environmental monitoring, 10(2), 93-99.
7) Kaur, P., Singh, B., & kaur, S. (2017). Resíduos de pesticidas em cereais, legumes e frutas: um perigo para a saúde humana. Journal of pharmacognosy and phytochemistry, 6(6), 129-133.

CAPÍTULO 3

Síntese de Perfume Convencional: Misturas de Essências com Aditivos, Utilizando Etanol de Caldo de Cana Fermentado

S.B Kokate, M.A Pawar, S.S Sawant, S.R. Wadekar,

M.S. Hate, R.S. Chaughule

Departamento de Química, Ramnarayan Ruia Autonomous College, Matunga, Índia.

Autor correspondente Email: sonalikokate412@gmail.com

Resumo

Esta pesquisa investiga a síntese de uma mistura de perfume cativante usando óleos essenciais extraídos de capim-limão, laranja, canela, sândalo e rosa, juntamente com aditivos convencionais. A utilização da hidrodestilação, da destilação a vapor e da extração com o aparelho de Clevenger garante a preservação da potência aromática. O etanol, proveniente do sumo de cana-de-açúcar fermentado com levedura imobilizada, actua como solvente para misturar os óleos essenciais. Óleos essenciais extraídos de capim-limão, laranja, canela, sândalo e rosa, juntamente com aditivos convencionais. A utilização da hidrodestilação, da destilação a vapor e da extração com o aparelho de Clevenger garante a preservação do poder aromático. O etanol, proveniente do sumo de cana-de-açúcar fermentado com levedura imobilizada, actua como solvente para misturar os óleos essenciais. A otimização das proporções visa obter um perfil olfativo equilibrado, harmonizando as notas frescas e cítricas da erva-limão e da laranja com os tons quentes e picantes da canela e a riqueza amadeirada do sândalo, complementados pela delicada essência floral da rosa. A incorporação de fixadores e de di-propilenoglicol melhora a estabilidade e a longevidade da fragrância. Este estudo contribui para a compreensão das técnicas de síntese de fragrâncias e para a criação de experiências olfactivas de luxo. A formulação do perfume resultante incorpora sofisticação e sedução, atendendo a diversas preferências e melhorando o humor e o ambiente.

Palavras-chave: Di propilenoglicol, Óleo essencial, Fixador, Fragrâncias, Sustentável

Introdução

O perfume, derivado do termo latino "per fumum" que significa "através do fumo", é muito mais do que um aroma agradável; é uma forma de arte. A criação de perfumes envolve a mistura de óleos essenciais, compostos aromáticos, solventes e fixadores para criar uma viagem sensorial. Com formulações como a eau de parfum e a água-de-colónia, que variam em concentração e longevidade, os perfumes evocam emoções, memórias e impressões.

Os óleos essenciais são essenciais na criação de perfumes, contribuindo não só para a fragrância, mas também oferecendo benefícios terapêuticos. Os óleos de erva-limão e laranja, com aromas estimulantes, infundem vitalidade e frescura, com propriedades antibacterianas e estimulantes do humor. O óleo de sândalo e o óleo de rosa conferem profundidade e elegância, promovendo o relaxamento e o equilíbrio emocional, ao mesmo tempo que oferecem benefícios para a pele. O óleo de canela traz calor e intensidade, melhorando o estado de alerta mental e oferecendo propriedades antimicrobianas.

Para além da perfumaria, os óleos essenciais são utilizados nos cuidados da pele, na massagem terapêutica e na limpeza doméstica. Para além das suas qualidades aromáticas, os óleos essenciais também desempenham um papel importante na produção de etanol, um ingrediente-chave nos perfumes, derivado da fermentação do sumo de cana-de-açúcar, que actua como solvente e fixador, melhorando a dispersão e a longevidade da fragrância. Assim, o perfume é uma mistura harmoniosa de arte e ciência, enriquecendo a mente, elevando o espírito e deixando uma impressão duradoura. Encarna uma experiência holística, entrelaçando bem-estar pessoal, significado cultural e prazer sensorial, tornando-o mais do que uma simples fragrância - é uma expressão de beleza e emoção.

Materiais e métodos

1) Produção de etanol

A produção de etanol a partir do caldo de cana utiliza levedura de padeiro ou imobilizada. O caldo de cana é extraído, esterilizado e depois misturado com levedura e nutrientes para fermentação a 25-35°C, com duração de 24-48 horas. A levedura converte os açúcares em etanol e CO_2. A destilação separa o etanol da mistura. A levedura imobilizada, ao contrário da levedura livre, permanece ligada a uma matriz sólida como contas de alginato ou cerâmica. Este método aumenta a estabilidade, a resistência a factores ambientais e simplifica a separação da mistura de fermentação. Ambas as abordagens produzem etanol, mas a levedura imobilizada oferece benefícios adicionais, optimizando o processo de conversão do sumo de cana-de-açúcar em etanol.

Para criar levedura imobilizada

- Primeiro, pesar todos os ingredientes

1) 0,4 gramas de alginato de sódio.
2) 2 gramas de levedura de padaria.
3) 1,4 gramas de cloreto de cálcio.

- Adição de água aos compostos de peso acima referidos

1) 0,4 gramas de água em 10 ml de água.
2) 2 gramas de levedura em 10 ml de água.
3) 1,4 gramas de cloreto de cálcio em 20 ml de água.

- Misturar a solução de levedura e a solução de alginato de sódio e mexer bem.
- Transferir a solução de levedura e de alginato de sódio acima referida com a ajuda de uma seringa, gota a gota, para a placa de Petri que contém a solução de cloreto de cálcio e mantê-la de lado durante algum tempo sem perturbações.
- (1)A solução torna-se mais dura, intacta e, assim, a levedura imobilizada é preparada, coar com a ajuda de um coador e mantê-la a secar durante alguns minutos.

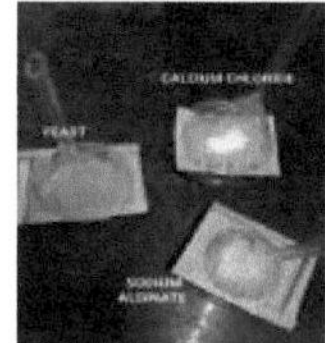

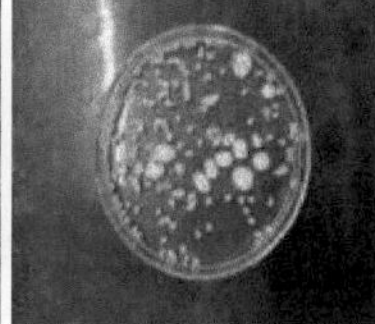

A imagem acima mostra a amostra pesada, a mistura da amostra, a queda em cloreto de cálcio na placa de Petri e, finalmente, a separação das leveduras.

As imagens são do sumo fermentado, do processo de destilação, da purificação e, por fim, do etanol purificado

A principal diferença entre a fermentação com levedura de padeiro e levedura imobilizada A levedura de padeiro dispersa-se livremente, enquanto a levedura imobilizada está ligada a um suporte sólido. Isto afecta a cinética da fermentação, a estabilidade da levedura e a facilidade de separação. A levedura de padeiro oferece simplicidade, enquanto a levedura imobilizada aumenta a estabilidade e simplifica a separação.

Para testar se um composto é etanol, efectuámos vários testes simples utilizando materiais disponíveis.

- Teste de cheiro: O etanol tem um odor alcoólico.
- Teste de chama: O etanol arde com uma chama azul.
- Teste de solubilidade: O etanol é miscível em água.
- Ponto de ebulição: O etanol entra em ebulição a cerca de 78,37°C.
- Teste de confirmação: Forma iodofórmio com iodo e hidróxido de sódio. Estes testes, especialmente quando combinados, podem indicar a presença de etanol.

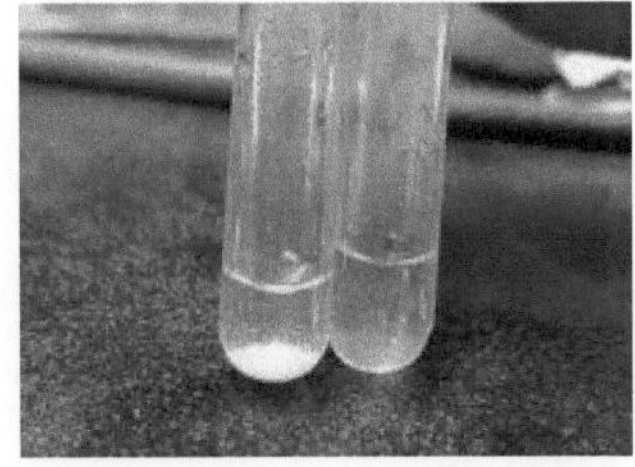

2) Extração de óleo essencial: (erva-limão, rosa, canela, sândalo, casca de laranja)

Nesta experiência, explorámos três métodos de destilação distintos: destilação a vapor, hidrodestilação e extração utilizando o aparelho Clevenger. Cada técnica foi utilizada para extrair óleos essenciais de erva-limão, rosa, casca de laranja, canela e sândalo.

A hidrodestilação e a destilação a vapor são métodos semelhantes de extração de óleo essencial, mas a destilação a vapor utiliza vapor para transportar o vapor do óleo essencial. O aparelho de Clevenger é uma instalação especializada concebida para separar o óleo essencial do destilado numa única etapa

1. Preparação do material vegetal:

Para preparar o material vegetal, cortar ou esmagar erva-limão fresca, separar as pétalas de rosa, removendo quaisquer detritos, e ralar ou raspar a casca de laranja. Para a canela, triturar ou esmagar paus de canela, e para o sândalo, triturar ou lascar a madeira em pequenos pedaços. Estes passos aumentam a área de superfície, facilitando a libertação dos óleos essenciais durante a extração.

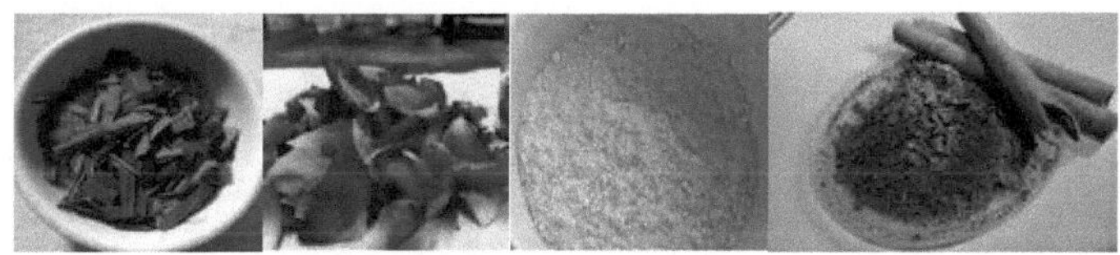

2. Montagem do aparelho de destilação:

Encher a caldeira ou o alambique com água destilada.

Colocar o material vegetal preparado no balão de destilação ou no cesto.

Montar o condensador e ligá-lo ao aparelho de destilação.

3. Destilação a vapor:

Aquecer a água na caldeira ou no alambique para produzir vapor.

À medida que a água ferve, o vapor passa através do material vegetal, transportando os óleos essenciais.

A mistura de vapor e óleo passa pelo condensador, onde arrefece e se condensa novamente na forma líquida.

A mistura condensada é recolhida num balão de recolha.

4. Separação do óleo essencial:

Uma vez terminada a destilação, transferir a mistura recolhida para uma ampola de decantação.

Deixe a mistura assentar, com a camada de óleo essencial a flutuar no topo da água.

Escorra a camada de óleo essencial para um recipiente separado.

6. Armazenamento:

Armazene o óleo essencial extraído em frascos de vidro escuro num local fresco e escuro, longe da luz solar direta e do calor.

Caracterização

O teste antibacteriano serve como uma ferramenta valiosa para caraterizar a eficácia antimicrobiana dos óleos essenciais, fornecendo informações sobre as suas potenciais aplicações em várias indústrias, incluindo cuidados de saúde, cosméticos e conservação de alimentos.

Os resultados do teste antibacteriano revelam a atividade antimicrobiana de todos os óleos essenciais contra a E. coli, que apresenta resultados positivos, como podemos ver nas imagens.

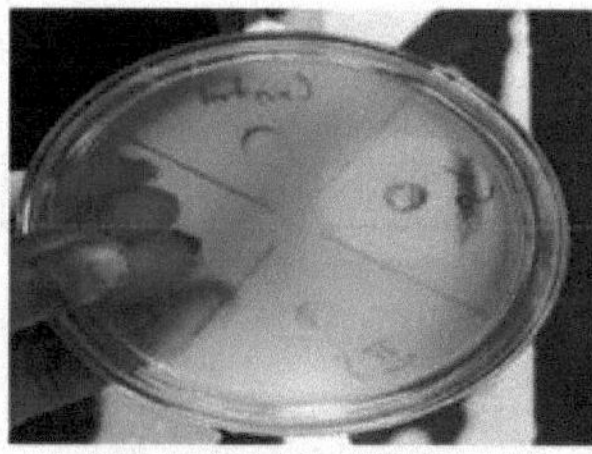

Antibacterial test for cinnamon essential oil..

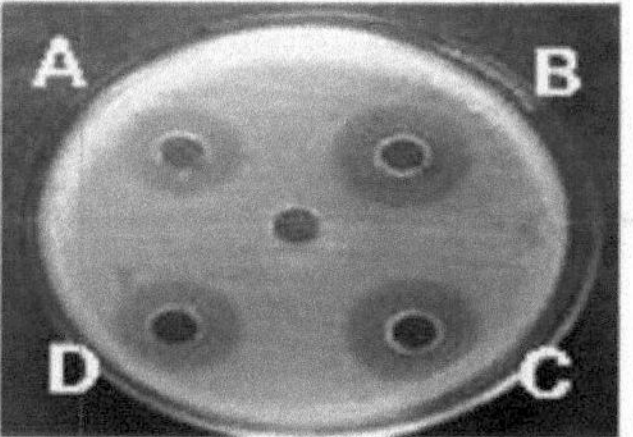

Antibacterial test A is of sandalwood, B is of Lemongrass, C is orange and D is of rose.

Criação de um perfume

No fabrico de perfumes, as notas são ingredientes aromáticos que contribuem para o perfil geral da fragrância. São categorizadas em notas de topo, médias e de base com base nas suas taxas de evaporação. O DPG (Di propilenoglicol) e o etanol actuam como solventes, ajudando a dissolver e a dispersar uniformemente os óleos de fragrância, aumentando a longevidade do perfume. Os fixadores estabilizam a fragrância, prolongando a sua presença na pele ao abrandar a evaporação dos componentes voláteis.

Benefício para a sociedade

Experimente a alegria do prazer aromático com os nossos perfumes feitos à medida e elaborados a partir de ingredientes naturais. Delicie os seus sentidos e melhore o seu bem-estar através do poder da aromaterapia, enquanto desfruta dos benefícios únicos de aromas personalizados adaptados às suas preferências. Descubra a harmonia da natureza e os benefícios para a saúde encapsulados em cada gota das nossas fragrâncias requintadas.

Estudo de campo

Este é o relatório de campo que realizámos através do inquérito do formulário Google. Com isto, ficámos a saber que a maioria dos nossos participantes gosta do perfume Sandalrose elixir. E 90% dos participantes não demonstraram quaisquer reacções alérgicas na sua pele, pelo que é um perfume que adora a pele.

Resultado

O etanol, proveniente da cana-de-açúcar, forma a base. Óleos essenciais de rosa, sândalo, capim-limão, canela e laranja oferecem aromas únicos. Ligado por DPG e fixadores, o perfume promete fascínio e longevidade. Uma mistura da essência da natureza e da arte humana, cativa com o seu aroma encantador, deixando uma impressão indelével.

Discussão

Na produção em pequena escala, as quantidades de óleo essencial extraídas de fontes botânicas como o capim-limão, a laranja, a canela, o sândalo e a rosa são frequentemente inferiores devido à capacidade limitada do equipamento, à disponibilidade de material vegetal e à eficiência da extração. No entanto, o nosso perfume, fabricado em pequenos lotes, apresenta uma qualidade superior, frescura e sustentabilidade. Apesar dos rendimentos mais baixos, a abordagem artesanal assegura uma atenção meticulosa aos pormenores, resultando numa fragrância natural e duradoura que incorpora luxo e autenticidade, apelando aos consumidores exigentes que procuram uma experiência olfactiva única. Olhando para o futuro, as direcções futuras podem envolver uma maior otimização das técnicas de extração, a exploração de novas fontes botânicas e a expansão para métodos de embalagem e distribuição amigos do ambiente para aumentar a sustentabilidade e satisfazer as preferências dos consumidores em evolução.

Conclusão

A experiência utilizou a hidrodestilação com o aparelho de Clevenger e a destilação a vapor juntamente com a extração por solvente. Estes óleos foram depois meticulosamente formulados em misturas de perfumes, incorporando fixadores para realçar e estabilizar a fragrância. Isto resultou em aromas cativantes com potenciais benefícios terapêuticos, demonstrando um equilíbrio harmonioso entre o prazer sensorial e o manuseamento delicado de materiais sensíveis.

Agradecimentos

Os nossos sinceros agradecimentos ao Dr. Manish Hate e ao Dr. Subhash Vanmali pelo seu encorajamento. Um agradecimento especial à Sra. Shravani Wadekar pela sua orientação. Gratidão ao Dr. Jessy Pius por ter fornecido o aparelho Clevenger. Obrigado ao Departamento de Botânica, ao Prof. Swapnil Pradhan, aos membros do nosso grupo Sharayu e Mayuri, e ao pessoal não docente pelas suas contribuições e apoio inestimáveis.

Referências:

1. Abert Vian, M., X. Fernandez, F. Visinoni, F. Chemat, 2008. Hidrodifusão por micro-ondas e gravidade, uma nova técnica de extração de óleos essenciais. Journal of Chromatography A, 1190: 14-17.

2. Arnould-Taylor, W.E., 1981. "Aromatcrapia para toda a pessoa". REINO UNIDO: Stanley Thornes, pp: 22-26. Bakkali, F., S. Averbeck,". Averbeck, M. Idaomar, 2008. Efeitos biológicos dos óleos essenciais - uma revisão. Food Chem. Toxicol., 46: 446-475.

3. Marag, R. K. (2019). Extração de óleo de capim-limão e formação de perfume. Revista Internacional de Pesquisa em Ciência Aplicada e Tecnologia de Engenharia, 7(3), 2580-2583.

4. Orji, A. O. (2012). Extração e Formulação de Perfume a partir de folhas de erva-limão [Tese de Mestrado não publicada]. Universidade Caritas, Amorji-Nike, Enugu, Estado de Enugu.

5. Braden, R., S. Reichow, M.A. Halm, 2009. O uso do óleo essencial de lavanda para reduzir a ansiedade pré-operatória em pacientes cirúrgicos. J. Perianesth. Nurs, 24: 348-355.

6. Burt, S., 2004. Óleos essenciais: as suas propriedades antibacterianas e potenciais aplicações nos alimentos - uma revisão. J. Food Microbiol, 94: 223-253.

7. Capuzzo, A., M.E. Maffei, A. Occhipinti, 2013. Extração de fluido supercrítico de sabores e fragrâncias de plantas. Molecules, 18: 7194-7238.

8. Chrissie, W., 1996. "A Enciclopédia da Aromaterapia". Vermont: Healing Arts Press, pp: 16-21.

9. Dick, A.J., H.H.N. Starmans, 1996. Extração de metabolitos secundários de material vegetal: uma revisão. Trends Food Sci. Technol., pp: 191-197.

10. Widhalm, J., Adebesin, F., & Dudareva, N. (2018). A fragrância das plantas: Como o seu perfume impregna o ar. The Science Breaker, 402

11. Fahlbusch, Karl-Georg; Hammerschmidt, Franz-Josef; Panten, Johannes; Pickenhagen, Wilhelm; Schatkowski, Dietmar; Bauer, Kurt; Garbe, Dorothea; Surburg, Horst, 2003. "Sabores e Fragrâncias". Enciclopédia de Química Industrial de Ullmann. Doi:10.1002/14356007.a11_141.

12. Farhat, A., C. Ginies, M. Romdhane e F. Chemat, 2009. "Processo ecológico e mais limpo para o isolamento de óleo essencial utilizando energia de micro-ondas: Experimental and theoretical study", Journal of Chromatography A, 1216(26):5077-5085.

13. Ferhat, M., B. Meklati, J. Smadja e F. Chemat, 2006. "An improved microwave Clevenger apparatus for Distillation of essential oils from orange peel", Journal of Chromatography A, 1112(1-2): 121-126.

14. Filly, A., X. Fernandez, M. Minuti, F. Visinoni, G. Cravotto, F. Chemat, 2014. Extração por micro-ondas sem solventes de óleo essencial de ervas aromáticas: do laboratório à escala piloto e industrial. Food Chem, 150: 193-198.

15. Golmakani, M.T. e K. Rezaei, 2008. Comparação da hidrodestilação assistida por micro-ondas com o método tradicional de hidrodestilação na extração de óleos essenciais de Thymus vulgaris L. Food Chemistry, 109: 925-930.

CAPÍTULO 4

Espectroscopia de emissão ótica com plasma indutivamente acoplado para a determinação do metal pesado cádmio no arroz

Shreyas Gokhale, Shruti Nadar, Amrin Shaikh, Madhavi Badole

Departamento de Química, Colégio Autónomo Ramnarain Ruia, Matunga, Mumbai

Correio eletrónico: shreyasgokhale15@gmail.com*, shrutimuthuvel@gmail.com, amrinshaikh@ruiacollege.edu, madhavibadole@ruiacollege.edu

---

Resumo

A Índia cultiva cerca de 3.000 variedades de arroz. Toda a nação adora o arroz, uma vez que é acessível, versátil e está disponível numa grande variedade de cozinhas. O arroz pode ser contaminado por compostos orgânicos e metais pesados que se encontram no solo dos campos. A espetroscopia de emissão ótica com plasma indutivamente acoplado (ICP-OES) foi utilizada para analisar a concentração de cádmio em várias amostras de arroz recolhidas no mercado local de Bombaim. O cádmio (Cd) foi determinado por um detetor CCD (Charge Coupled Device) e o software 21 CFR 11 versão 4.1.0 para aquisição e processamento de dados foi utilizado para a determinação do Cd. A análise do metal pesado cádmio foi efectuada por espetrometria de emissão ótica com plasma indutivamente acoplado, equipada com um conjunto de saturação de árgon. Os resultados mostraram que as amostras recolhidas em Mumbai têm um limite de deteção de cádmio inferior ao estabelecido nas directrizes da OMS. Por conseguinte, a quantificação dos metais deve ser efectuada periodicamente para evitar factores de risco para a saúde.

Palavras-chave: Cádmio, Deteção de metais pesados, ICP-OES, Amostras de arroz.

Introdução

A Índia é bem conhecida pela sua cultura e património. As pessoas com diferentes culturas e diferentes cozinhas tornam-na mais bonita. A Índia cultiva mais de 3.000 tipos diferentes de arroz, que são utilizados numa vasta gama de receitas, desde refeições diárias simples a banquetes luxuosos. Na Índia, o arroz é popular por uma série de razões. É um grão barato, versátil e simples de cozinhar. É também uma excelente fonte de hidratos de carbono, que lhe dão energia durante muito tempo. No entanto, há sempre dúvidas sobre os benefícios do arroz para a saúde devido ao crescimento da industrialização. A principal fonte de contaminação nas explorações agrícolas são os efluentes industriais, que têm vindo a contaminar persistentemente a água de rega. No solo dos campos encontram-se continuamente metais pesados e materiais orgânicos nocivos, que têm prejudicado seriamente a produção agrícola do país. A contaminação por metais pesados é principalmente o resultado de origens naturais e da atividade humana. As actividades humanas, que incluem as indústrias mineira, de fertilizantes e de pesticidas, foram as que mais contribuíram para a acumulação contínua de metais pesados tóxicos no solo dos arrozais, onde os metais podem contaminar o arroz. [1]

Em muitas partes do mundo, a contaminação do solo é generalizada devido a fontes geológicas naturais, poluentes industriais e fertilizantes que contêm cádmio. O consumo máximo ou a exposição ao cádmio conduz à insuficiência renal e pode afetar a saúde dos ossos e aumentar o risco de cancro.[2] Um componente essencial na luta contra a contaminação por cádmio é uma técnica eficiente, rápida e precisa para medir os níveis de cádmio. O objetivo atual do estudo é analisar a concentração de cádmio em várias amostras de arroz por espetrometria de emissão ótica com plasma indutivamente acoplado ICP-OES. A principal vantagem da ICP-OES é a sua versatilidade.[3] A tecnologia tem inúmeras utilizações potenciais porque pode detetar e quantificar muitos componentes. Pode mesmo identificar uma vasta gama de não metais, o que não é possível com outros métodos comparáveis.

Materiais e métodos

Produtos químicos e reagentes

Todos os reagentes utilizados eram de qualidade analítica. Foi utilizado ácido nítrico concentrado para a digestão. Todo o material de vidro e os frascos de amostras foram lavados com água bidestilada, seguida de aquecimento a seco na estufa a 70°C.

Recolha de amostras

Seis amostras de arroz, seleccionadas aleatoriamente, todas de espécies e origens diferentes, foram recolhidas no mercado local de Bombaim. Todas elas foram conservadas em recipientes de plástico separados, previamente limpos e secos.

Preparação da amostra

Todas as amostras de arroz foram lavadas três vezes com água bidestilada e deixadas a secar ao ar durante 30 minutos. Depois, as amostras foram mantidas num prato de evaporação limpo e seco e colocadas num forno a 65°C durante 2-3 horas até ficarem completamente secas. O arroz seco foi então homogeneizado utilizando um pilão e um almofariz para obter pó de arroz. Foram pesados com exatidão 5 g de cada pó de arroz com uma balança analítica e utilizados para a digestão.

Digestão de amostras

Foram pesados 5 g de pó de arroz e transferidos para seis copos separados de vidro borossilicato de 100 cm^3 (marca Pyrex). Em seguida, as amostras foram mergulhadas em 30 cm^3 de ácido nítrico conc. (grau AR) durante quatro dias.

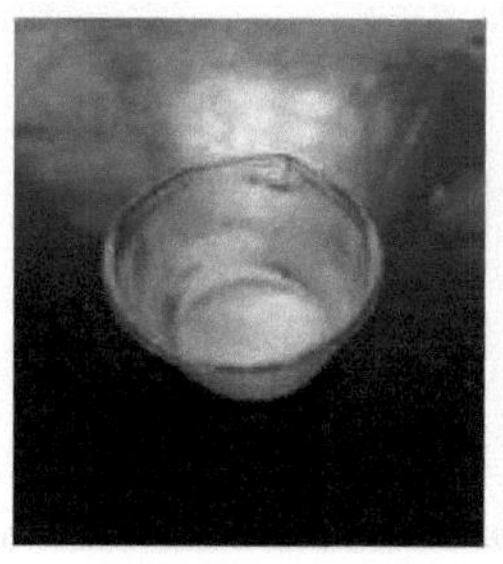

Imagem 1 Imagem 2 Imagem 3

Imagem 1: Amostra antes da adição de ácido.

Imagem 2: Após a adição do ácido

Imagem 3: Amostra após 4 dias de imersão em ácido

Os béqueres foram mantidos cobertos com vidro de relógio para evitar a contaminação. No quarto dia, quase todo o pó de arroz foi dissolvido devido à destruição da matriz orgânica, obtendo-se soluções de cor castanha-amarelada. Estas soluções foram então fervidas em banho-maria até que a evolução dos vapores vermelho-acastanhados cessasse e se obtivessem soluções transparentes contendo metais. As soluções digeridas foram então arrefecidas à temperatura ambiente e filtradas para balões volumétricos de vidro borossilicato de 25 cm^3 utilizando papel de filtro Whatman n.º 41 e diluídas até à marca com água bidestilada (grau AR). Finalmente, estas soluções foram utilizadas para a análise ICP-OES juntamente com um padrão de cádmio para comparação. [4][5][6] A imagem:4 indica o processamento em lote das amostras de arroz.

Imagem 4: Processamento de amostras em lote.

Método de análise

Soluções-padrão de Cd com concentrações de 0,5 a 4,0 ppm. A análise de Cd para todas as amostras foi efectuada no comprimento de onda 214,439 nm, que corresponde ao comprimento de onda de emissão mais sensível. O instrumento foi calibrado para vários parâmetros antes dos estudos.

Calibração e normalização do instrumento

O instrumento está calibrado e normalizado para vários parâmetros, tais como o comprimento de onda selecionado é de 214,439 nm, intensidade = 8335,46415269 * concentração + 2,01728005 e Coeficiente de Correlação: 0,99949. A Tabela n.º 2 mostra os valores da concentração dos padrões de Cd utilizados e as respectivas intensidades de emissão para o traçado da curva de calibração, registada através de ICP-OES

Normas	Intensidade	Método Concentração	Concentração calculada	% de erro
EM BRANCO	2.0154	0.0000	0.0000	N/A
PADRÃO 0,5 PPM	4179.3305	0.5000	0.5011	0.2299
PADRÃO 1,0 PPM	7892.1849	1.0000	0.9466	5.3422
PADRÃO 2,0 PPM	16525.4254	2.0000	1.9823	0.8849
PADRÃO 3,0 PPM	23291.2194	3.0000	2.7940	6.8670
PADRÃO 4,0 PPM	32021.3310	4.0000	3.8413	3.9666

Quadro n.º 1: Concentração dos padrões de Cd utilizados e respectivas intensidades de emissão

A imagem:5 mostra a curva de calibração para o padrão de Cd utilizado na análise das amostras de arroz. Esta curva é um gráfico da concentração de Cd (214,439 nm) utilizada (no eixo X) versus a sua intensidade de emissão (no eixo Y) registada por ICP-OES, com base no conteúdo da tabela n.º 1. Foi traçada uma linha reta que passa pela origem, passando pelo número máximo de pontos. Esta calibração foi necessária para estabelecer a linearidade do método a utilizar para a análise das amostras, de modo a obter resultados exactos.

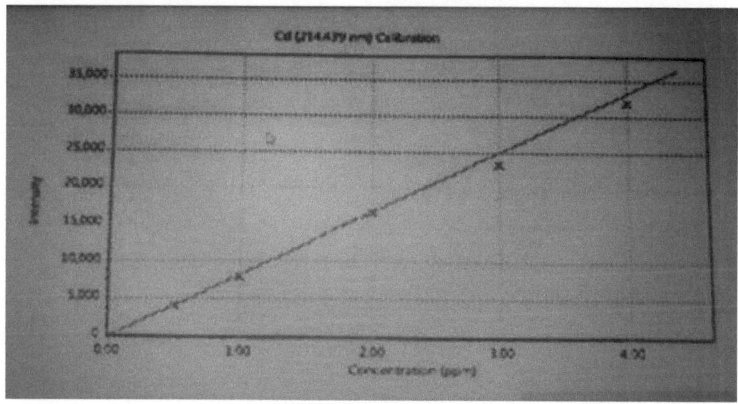

Imagem 5: Curva de calibração da concentração de Cd v/s intensidade de emissão

Instrumentação:

Foi utilizada a espetroscopia de emissão ótica com plasma indutivamente acoplado (ICP-OES), equipada com um conjunto de saturação de árgon, um detetor CCD e um software 21-CFR-11 versão - 4.1.0 para aquisição e processamento de dados: Imagem 6: indica a instrumentação do ICP-OES

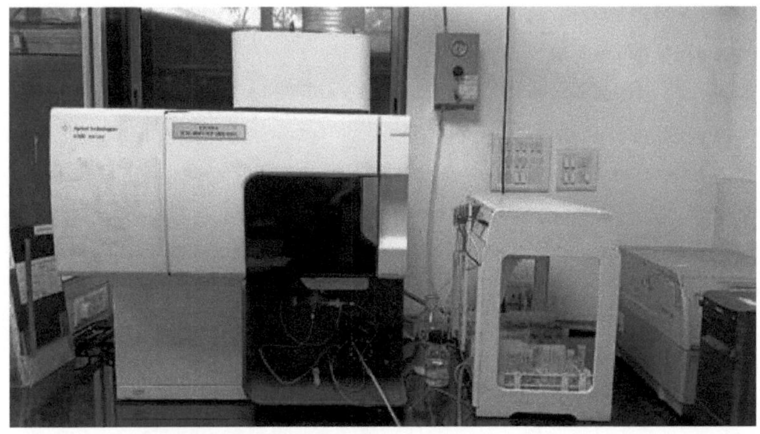

Imagem 6: ICP-OES 5100 (Agilent Technologies)

Método ICP OES

Para a determinação do cádmio, foi utilizada a espetroscopia de emissão ótica com plasma indutivamente acoplado (ICP-OES) com tocha radial equipada com um conjunto de saturação de árgon. Foi utilizado árgon de elevada pureza (99,99%) como gás de plasma, auxiliar e de nebulização. Os fluxos de gás foram mantidos a 15,0/min para o plasma, 1,50 l/min para o auxiliar e 0,56 /min para o nebulizador. A potência de radiofrequência (R.F) do gerador de plasma foi de 1,35 kW. A altura vertical do plasma foi fixada em 7 mm. O tempo de absorção da amostra foi de 30,0 s, o tempo de atraso de 5 s, o tempo de enxaguamento de 10 s, o tempo de estabilização de 10 s e o tempo entre réplicas de análise de 5 s foram mantidos ao longo dos estudos de ICP-OES[7]

Resultados e discussão

A concentração de metais em seis amostras de arroz de diferentes locais da região de Bombaim é apresentada no gráfico de barras abaixo.

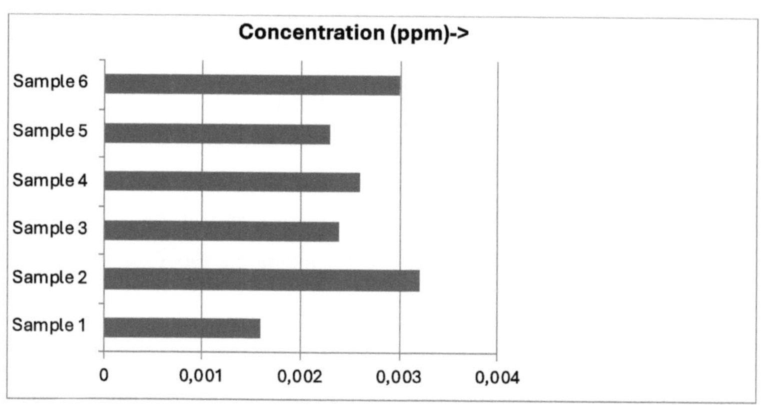

Gráfico 1: Concentração de cádmio presente em cada amostra

De acordo com a Organização Mundial de Saúde (OMS) e a Organização das Nações Unidas para a Alimentação e a Agricultura (FAO), a ingestão de cádmio deve exceder 25 μg/kg por mês. [8] [9]De acordo com as directrizes da OMS, a quantidade admissível de cádmio para o arroz é de 4,0 μg/kg (0,004 ppm). [10] Como se pode ver no Gráfico 1, as concentrações variam de 0,0016 ppm a 0,0032 ppm, sendo a mais baixa a da Amostra S1 e a mais alta a da Amostra S2. Todas as concentrações são inferiores a 0,004 ppm, o que é considerado aceitável de acordo com as normas da OMS [8] [9].

Conclusão

O cádmio é um metal tóxico e é responsável pelo cancro e pela insuficiência renal. É também responsável por danos no ADN, uma vez que é facilmente absorvido através do trato digestivo e, durante a gravidez, através da placenta. Além disso, o cádmio (Cd) é também um metal pesado altamente hepatotóxico, que se encontra amplamente disperso no ambiente [11][12]. A exposição oral prolongada ao Cd pode levar à doença de Itai-Itai, que é a forma mais grave de envenenamento por Cd.[11][12] Devem ser implementadas de forma eficaz formas agressivas de mitigar a absorção de metais pesados no arroz, a fim de evitar riscos para a saúde das gerações vindouras. O mundo deve ser um lugar mais seguro para a próxima geração e nós, como seres humanos responsáveis, podemos fazer pequenas modificações no padrão de consumo, de modo a que quaisquer pequenas alterações no ADN não afectem a grande tropa de seres humanos num futuro próximo. O ICP-OES foi utilizado por ser uma técnica moderna e preferível para a deteção de metais pesados devido à sua sensibilidade e precisão. O estudo acima referido fornece novas informações sobre a contaminação por metais pesados (Cd) nas regiões em redor de Bombaim. As amostras colhidas no mercado local de Bombaim têm níveis de concentração de cádmio mais baixos, de acordo com as directrizes da OMS, e são relativamente seguras para utilização, uma vez que a ingestão de níveis elevados de Cd pode revelar-se letal. Por conseguinte, a quantificação do cádmio deve ser efectuada periodicamente para evitar factores de risco para a saúde.

Agradecimentos:

Reconhecemos a infraestrutura fornecida pelo Departamento de Química do Ramnarain Ruia Autonomous College, bem como o apoio e incentivo contínuos que recebemos da Sra. Amrin Shaikh, Professora Assistente e candidata a doutoramento no Departamento de Química, e da Dra. Madhavi Badole, Professora Associada no Departamento de Química.

Divulgação/ Conflito de interesses:

Os autores declaram não haver conflito de interesses pessoais, financeiros ou comerciais.

Referências

[1] X. Huang et al., "O teor de chumbo e cádmio no arroz e o risco para a saúde humana na China: A systematic review and meta-analysis," PLoS One, vol. 17, no. 12 December, pp. 4-6, 2022, doi: 10.1371/journal.pone.0278686.

[2] G. F. Nordberg et al., "Risk assessment of effects of cadmium on human health (IUPAC Technical Report)," Pure Appl. Chem., vol. 90, no. 4, pp. 755-808, 2018, doi: 10.1515/pac-2016-0910.

[3] I. Sen, A. Shandil, e V. Shrivastava, "Estudo para a Determinação de Metais Pesados em Espécies de Peixes do Rio Yamuna (Delhi) por Espectroscopia de Emissão Ótica de Plasma Acoplado Indutivamente (ICPOES)," Adv. Appl. Sci. Res, vol. 2, no. 2, pp. 161-166, 2011, [Online]. Disponível: http://www.pelagiaresearchlibrary.com/advances-in-applied-science/vol2-iss2/AdASR-2011-2-2-161-166.pdf

[4] M. Hamano-Nagaoka, T. Nishimura, R. Matsuda, e T. Maitani, "Evaluation of a nitric acid-based partial-digestion method for selective determination of

inorganic arsenic in rice," J. Food Hyg. Soc. Japan, vol. 49, no. 2, pp. 95-99, 2008, doi: 10.3358/shokueishi.49.95.

[5] S. Wei, R. Yang e Q. Liu, "Análise de digestão rápida de chumbo e cádmio em arroz usando GFAAS com correção de fundo Zeeman longitudinal", pp. 2-5, 2018.

[6] P. Pozna, P. Pozna, A. Chemistry, and A. Chemistry, "Chapter 13 Wet Digestion Methods," Wet Dig. Methods, vol. New Horizo, pp. 224-259, 2003.

[7] H. A. M. Ahmed e A. O. Alatawi, "Comparação da eficiência dos modos de visualização ICP OES na estimativa de cádmio (Cd) e chumbo (Pb) em amostras de sangue total," Arab J. Basic Appl. Sci., vol. 29, no. 1, pp. 208-214, 2022, doi: 10.1080/25765299.2022.2090148.

[8] FAO/OMS, "Working Document for Information and Use in Discussions on the GSCTF CF/5", CODEX Aliment. Comm., no. March, pp. 1-90, 2011, [Online]. Disponível: ftp://ftp.fao.org/codex/meetings/CCCF/cccf5/cf05_INF.pdf%5Cnhttp://www.rti.org/publications/rtipress.cfm?pubid=22766

[9] R. Abd Rashid, N. A. Muda, M. Saaid, M. I. Abdul Halim, e K. Mohamed, "Determinação de Cd, Cu, Ni e Pb em grãos de arroz seleccionados disponíveis na Malásia," Int. J. Eng. Technol., vol. 7, no. 4.14, p. 232, 2019, doi: 10.14419/ijet.v7i4.14.27569.

[10] K. W. Lien, M. H. Pan, e M. P. Ling, "Levels of heavy metal cadmium in rice (Oryza sativa L.) produced in Taiwan and probabilistic risk assessment for the Taiwanese population," Environ. Sci. Pollut. Res., vol. 28, no. 22, pp. 28381-28390, 2021, doi: 10.1007/s11356-020-11902-w.

[11] H. Baba et al., "O fígado na doença itai-itai (envenenamento crónico por cádmio): Pathological features and metallothionein expression," Mod. Pathol, vol. 26, no. 9, pp. 1228-1234, 2013, doi: 10.1038/modpathol.2013.62.

[12] T. Inaba et al., "Estimation of cumulative cadmium intake causing Itai-itai disease", Toxicol. Lett., vol. 159, no. 2, pp. 192-201, 2005, doi: 10.1016/j.toxlet.2005.05.011.

CAPÍTULO 5

Nanotecnologia: Percurso Histórico, Conceitos Básicos e Avanços Recentes

Dr. Pratap V. Naikwade

Athalye Sapre Pitre College Devrukh, distrito de Ratnagiri, Maharashtra, Índia

Correio eletrónico: naikwade.pratap@gmail.com

Resumo

A nanotecnologia é um domínio da ciência e da engenharia que se centra na conceção, caraterização, produção e aplicação de estruturas, dispositivos e sistemas através do controlo da forma e do tamanho à escala nanométrica. A nanotecnologia continua a alargar as fronteiras da descoberta científica e da inovação tecnológica, com implicações de grande alcance em vários sectores. Este capítulo apresenta pormenores sobre a história da nanotecnologia, conceitos básicos de nanotecnologia como o tamanho nanométrico, a relação área de superfície/volume, efeitos quânticos, abordagens top-down vs. bottom-up em nanotecnologia, técnicas de caraterização em nanotecnologia. São também discutidos avanços recentes em nanotecnologia, como a nanoelectrónica, a nanomedicina, os nanomateriais para energia, etc. A literatura sobre nanotecnologias demonstra o seu vasto potencial para transformar as indústrias e enfrentar desafios sociais prementes. A investigação em curso e a colaboração interdisciplinar são essenciais para aproveitar todas as capacidades da nanotecnologia em benefício da humanidade.

Palavras-chave: desafios, técnicas de caraterização, nanoelectrónica, nanomateriais, efeitos quânticos

Introdução

A manipulação molecular e atómica, geralmente à escala nanométrica (1-100 nm), é conhecida como nanotecnologia. Os materiais têm propriedades diferentes a esta escala do que à escala macroscópica. O domínio da nanotecnologia é muito interdisciplinar e tem ligações a muitos outros domínios, incluindo a engenharia, a ciência dos materiais, a química, a biologia e a física. A nanotecnologia tornou-se um domínio de ponta com uma vasta gama de aplicações em indústrias como a eletrónica, a medicina, a energia e o ambiente, entre outras. Neste capítulo, é apresentada uma panorâmica dos desenvolvimentos históricos, das ideias fundamentais e dos desenvolvimentos actuais da nanotecnologia.

Percurso histórico da nanotecnologia

A evolução da nanotecnologia remonta aos tempos antigos, quando os artesãos manipulavam, sem o saber, materiais à nanoescala. Um dos exemplos é o fabrico de vitrais no Império Romano, onde eram utilizadas nanopartículas metálicas para obter cores vibrantes (Mann, 2002). Os fundamentos da nanotecnologia moderna surgiram no final do século XIX e início do século XX com descobertas revolucionárias no domínio da física e da química. Em 1959, o físico Richard Feynman proferiu uma conferência intitulada "There's Plenty of Room at the Bottom" (Há muito espaço no fundo), na qual lançou as bases conceptuais da nanotecnologia ao imaginar a manipulação de átomos e moléculas individuais (Feynman, 1960).

Gerd Binnig e Heinrich Rohrer inventaram a microscopia de tunelamento de varrimento (STM) em 1981, uma tecnologia que revolucionou a nanociência, útil para visualizar e manipular átomos individuais em superfícies (Binnig & Rohrer, 1981). O termo "nanotecnologia" foi cunhado por Norio Taniguchi em 1974 para descrever a maquinação de precisão à nanoescala (Taniguchi, 1974). Nadrian Seeman explorou o conceito de auto-montagem molecular, inspirado nos sistemas biológicos, para criar nanoestruturas com funções específicas (Seeman, 1982). Gerd Binnig e Heinrich Rohrer receberam o Prémio Nobel da Química em 1986 pela invenção do STM, que realçou a importância da nanotecnologia à escala global (Nobel Media AB, 1986).

Na década de 1990, a investigação e o desenvolvimento da nanotecnologia foram acelerados pelos avanços na síntese de nanomateriais, nas técnicas de caraterização e nas colaborações interdisciplinares. Foram desenvolvidas técnicas de síntese de nanomateriais como a deposição química de vapor, a síntese sol-gel e a moagem de esferas. Estas técnicas permitiram o fabrico de nanopartículas, nanotubos e outras nanoestruturas com um controlo preciso do tamanho e da morfologia (Martin, 1994). A nanotecnologia floresceu devido à colaboração interdisciplinar, reunindo cientistas de diversos domínios, como a física, a química, a biologia e a engenharia, para enfrentar desafios complexos e explorar novas fronteiras (Roco & Bainbridge, 2001). A história da nanotecnologia é uma prova do engenho, curiosidade e perseverança humanos. Desde os antigos artesãos até aos cientistas modernos, o percurso da nanotecnologia reflecte a nossa busca persistente de conhecimento e inovação para compreender e manipular os blocos de construção da matéria.

Situação atual e desafios

Atualmente, a nanotecnologia invade todos os aspectos da vida moderna, com aplicações que vão da eletrónica e da medicina à energia e ao ambiente. A nanotecnologia tem sido utilizada para o desenvolvimento de inúmeros produtos comerciais, desde vestuário resistente a nódoas e revestimentos resistentes a riscos até sistemas de administração de medicamentos baseados em nanopartículas e dispositivos nanoelectrónicos (Nel et al., 2006). Apesar dos progressos notáveis, a nanotecnologia enfrenta vários grandes desafios, como preocupações éticas, implicações ambientais e o desenvolvimento responsável de nanomateriais e tecnologias (Schummer, 2004).

Conceitos básicos em nanotecnologia

Tamanho nano

O prefixo "nano" denota um bilionésimo, indicando a escala em que a nanotecnologia opera, normalmente entre 1 e 100 nanómetros. Esta gama de dimensões confere propriedades únicas aos materiais devido aos efeitos quânticos e ao aumento do rácio área de superfície/volume (Feynman, 1960).

Relação entre a área de superfície e o volume:

À medida que os materiais se reduzem à nanoescala, a sua área de superfície aumenta consideravelmente em relação ao volume, o que tem impacto na reatividade, na capacidade de adsorção e noutras propriedades cruciais para várias aplicações (Tabor, 1966).

Efeitos quânticos em nanotecnologia:

À nanoescala, a mecânica quântica administra o comportamento dos materiais, conduzindo a fenómenos como o confinamento quântico e o tunelamento quântico, que influenciam propriedades como a condutividade, o comportamento ótico e a resistência mecânica (Kittel, 2005).

A mecânica quântica descreve o comportamento da matéria e da energia aos níveis atómico e subatómico. A mecânica quântica assenta em vários princípios fundamentais, incluindo a dualidade onda-partícula. As partículas, como os electrões, apresentam um comportamento tanto ondulatório como particulado, descrito pela função de onda e pela distribuição de probabilidades (De Broglie, 1924). Os níveis de energia nos átomos e moléculas são quantizados, pelo que só podem assumir valores discretos, o que conduz a fenómenos como as bandas de energia e as lacunas de energia proibidas (Planck, 1900). Werner Heisenberg formulou o princípio da incerteza, segundo o qual quanto mais precisa for a posição de uma partícula, menos precisa será a determinação do seu momento e vice-versa (Heisenberg, 1927).

À nanoescala, os efeitos quânticos tornam-se cada vez mais significativos, influenciando o comportamento e as propriedades dos materiais de formas perspicazes. Nos pontos quânticos e nos nanofios, os electrões estão confinados nas três dimensões, o que resulta em níveis de energia discretos e em propriedades ópticas e electrónicas dependentes do tamanho (Brus, 1986). O tunelamento quântico permite que as partículas passem através de barreiras energéticas que seriam classicamente proibidas, possibilitando a microscopia de tunelamento de varrimento e dispositivos mecânicos quânticos (Esaki & Tsu, 1970). Quando o tamanho de um material diminui para a nanoescala, os efeitos quânticos tornam-se gradualmente evidentes, influenciando propriedades como a condutividade, a condutividade térmica e o comportamento mecânico (Lieber & De Franceschi, 2007).

Aplicações de efeitos quânticos em nanotecnologia

Os efeitos quânticos estão ligados a várias aplicações nanotecnológicas em diferentes sectores. Os pontos quânticos apresentam propriedades ópticas dependentes do tamanho, o que os torna candidatos ideais para células solares da próxima geração, com maior eficiência e espectros de absorção sintonizáveis (Kamat, 2008). Os bits quânticos (qubits) influenciam a sobreposição e o emaranhamento quânticos para efetuar cálculos complexos exponencialmente mais rápidos do que os computadores clássicos, prometendo avanços revolucionários na criptografia, otimização e simulação (Nielsen & Chuang, 2000). Fenómenos quânticos como a spintrónica e a metrologia quântica permitem o desenvolvimento de sensores ultra-sensíveis para a deteção de campos magnéticos, campos eléctricos e moléculas biológicas ao nível de uma única molécula (Awschalom & Flatté, 2007).

Desafios e direcções futuras dos efeitos quânticos

Os efeitos quânticos oferecem oportunidades interessantes no domínio da nanotecnologia, mas também colocam alguns desafios. Os sistemas quânticos são susceptíveis à decoerência, em que as interacções com o ambiente fazem com que os estados quânticos percam a coerência e se tornem clássicos, limitando a escalabilidade e a robustez das tecnologias quânticas (Zurek, 2003). Para ultrapassar a decoerência, é necessária uma engenharia precisa dos sistemas quânticos e o desenvolvimento de técnicas de correção de erros, o que coloca desafios científicos e de engenharia formidáveis (Preskill, 1998).

Abordagens de cima para baixo e de baixo para cima em nanotecnologia:

A síntese de nanomateriais pode ser efectuada através de métodos descendentes, como a litografia e o ataque químico, ou de técnicas ascendentes, como a auto-montagem e a manipulação molecular, oferecendo cada uma delas vantagens únicas para a conceção de materiais personalizados (Whitesides et al., 1991). Cada abordagem tem as suas vantagens e limitações, moldando a conceção, as propriedades e as aplicações dos nanomateriais.

Abordagem de cima para baixo

A abordagem descendente envolve o fabrico de nanoestruturas reduzindo a dimensão de estruturas maiores através de processos controlados. Os princípios e técnicas fundamentais incluem a litografia, a gravação e os métodos baseados em modelos. As técnicas de litografia, como a fotolitografia, a litografia por feixe de electrões e a litografia por nanoimpressão, permitem a modelação precisa de elementos à escala nanométrica em substratos (Madou, 2002). Os processos de gravura química e física removem seletivamente o material dos substratos para criar as nanoestruturas desejadas com elevada resolução e controlo da relação de aspeto (Srinivasan & Howe, 2004). Modelos como membranas porosas e materiais nanoporosos servem como moldes ou máscaras para reproduzir características à nanoescala, oferecendo escalabilidade e reprodutibilidade (Desai, 2013).

Abordagem de baixo para cima

A abordagem ascendente envolve a montagem de blocos de construção à escala nanométrica em estruturas maiores através de auto-montagem, manipulação molecular ou síntese química. Os princípios e técnicas fundamentais incluem a auto-montagem, a síntese química e a epitaxia por feixe molecular.

A auto-montagem molecular depende das propriedades inerentes às moléculas para se organizarem espontaneamente em estruturas ordenadas com base em interacções não covalentes (Whitesides & Grzybowski, 2002). Os métodos químicos, como a síntese sol-gel, a síntese hidrotérmica e a deposição em fase vapor, permitem o crescimento controlado de nanomateriais a partir de moléculas ou átomos precursores (Cushing et al., 2014). A epitaxia por feixe molecular é um método de deposição de películas finas de materiais átomo a átomo ou molécula a molécula, propondo um controlo preciso da espessura e da composição da película (Cho & Arthur, 1995).

Comparação entre a abordagem descendente e a abordagem ascendente

Resolução e controlo:

As abordagens descendentes proporcionam uma resolução superior e controlo sobre o tamanho e a colocação das características, tornando-as ideais para o fabrico de dispositivos e aplicações na indústria de semicondutores (Madou, 2002).

Escalabilidade e complexidade:

As abordagens bottom-up superam a escalabilidade e a complexidade, permitindo a síntese de nanoestruturas complexas e de nanomateriais funcionais com propriedades únicas (Whitesides & Grzybowski, 2002).

Aplicações:

As abordagens descendentes são normalmente utilizadas na eletrónica, na fotónica e nos MEMS (Sistemas Micro-Electro-Mecânicos), enquanto as abordagens ascendentes encontram aplicações na nanomedicina, na nanobiotecnologia e na ciência dos materiais (Cushing et al., 2014; Srinivasan & Howe, 2004).

Desafios e direcções futuras

Tanto as abordagens top-down como bottom-up enfrentam desafios como a escalabilidade, a reprodutibilidade e a integração com os processos de fabrico existentes. A combinação de técnicas descendentes e ascendentes para formar abordagens híbridas potencia os pontos fortes de cada abordagem e ultrapassa as suas limitações (Martin, 2016). Desenvolvimento de novos materiais e processos para o nanofabrico, como a auto-montagem dirigida e métodos de síntese bio-inspirados (Grzelczak et al., 2009).

Ao utilizar os princípios e técnicas de ambas as abordagens, os investigadores e engenheiros continuam a alargar as fronteiras da nanociência e da nanotecnologia, abrindo novas oportunidades de inovação e descoberta.

Técnicas de caraterização em nanotecnologia:

As técnicas de caraterização desempenham um papel vital na compreensão da estrutura, propriedades e comportamento dos nanomateriais e nanoestruturas. As técnicas avançadas de microscopia e espetroscopia, incluindo a microscopia de túnel de varrimento (STM), a microscopia de força atómica (AFM) e a espetroscopia de fotoelectrões de raios X (XPS), são essenciais para visualizar e analisar as estruturas e propriedades à escala nanométrica (Muller et al., 2009).

1. Microscopia de varrimento com sonda (SPM)

A microscopia de sonda de varrimento inclui várias técnicas de imagiologia e manipulação de superfícies à nanoescala.

Microscopia de força atómica (AFM): A AFM utiliza uma ponta afiada montada num cantilever para analisar a superfície de uma amostra, medindo as forças entre a ponta e a amostra para criar imagens topográficas com uma resolução sub-nanométrica (Binnig & Quate, 1986).

Microscopia de tunelamento de varrimento (STM): A STM depende do efeito de tunelamento quântico, em que os electrões fazem um túnel entre a ponta e a superfície da amostra, proporcionando uma resolução à escala atómica dos materiais condutores (Binnig et al., 1982).

2. Microscopia eletrónica

As técnicas de microscopia eletrónica exploram feixes de electrões para visualizar características à nanoescala com elevada resolução.

Microscopia Eletrónica de Transmissão (TEM): A TEM transmite electrões através de amostras finas para criar imagens de alta resolução, permitindo a visualização de estruturas atómicas e defeitos cristalinos (Reimer & Kohl, 2008).

Microscopia eletrónica de varrimento (SEM): O MEV faz a varredura de um feixe de electrões focalizado através da superfície da amostra, produzindo imagens detalhadas com informação de profundidade e ampliações que vão da escala nanométrica à micrométrica (Goldstein et al., 2003).

3. Técnicas de espetroscopia

As técnicas de espetroscopia exploram as propriedades electrónicas, vibracionais e magnéticas dos nanomateriais.

Espectroscopia de fotoelectrões de raios X (XPS): A XPS investiga a distribuição de energia dos fotoelectrões emitidos pela superfície de uma amostra após irradiação com raios X, fornecendo informações sobre a composição elementar e o estado químico (Briggs & Seah, 1990).

Espectroscopia Raman: A espetroscopia Raman processa os modos vibracionais das moléculas através da análise da dispersão inelástica de luz monocromática, oferecendo conhecimentos sobre a estrutura molecular e as ligações (Ferrari & Robertson, 2000).

4. Outras técnicas

As técnicas de caraterização adicionais incluem:

Dispersão dinâmica da luz (DLS): A DLS analisa o movimento browniano das nanopartículas em suspensão para determinar a distribuição do tamanho das partículas e a estabilidade coloidal (Berne & Pecora, 2000).

Difração de raios X (XRD): A DRX mede o padrão de difração dos raios X dispersos por materiais cristalinos para determinar a estrutura cristalina, a composição das fases e os parâmetros da rede (Cullity & Stock, 2001).

Aplicações e significado

As técnicas de caraterização são vitais para o controlo de qualidade, conceção e otimização de materiais, compreendendo as propriedades fundamentais As técnicas de caraterização asseguram a uniformidade e consistência dos nanomateriais para um desempenho fiável em várias aplicações (Hendy et al., 2002). Orientam o design e a otimização de nanomateriais com propriedades personalizadas para aplicações específicas, como eletrónica, catálise e biomedicina (Ma et al., 2019). Estas técnicas são úteis na investigação de fenómenos fundamentais à nanoescala, incluindo efeitos quânticos, interações de superfície e transições de fase (Müller et al., 2009).

Avanços recentes em nanotecnologia

Dado que a nanotecnologia é um domínio emergente, descrevem-se a seguir vários avanços recentes neste domínio

Nanoelectrónica:

Os nanomateriais à base de carbono, como o grafeno e os nanotubos de carbono, são muito úteis para a eletrónica da próxima geração devido às suas excepcionais propriedades eléctricas e mecânicas (Avouris et al., 2007). A nanotecnologia transformou a eletrónica e a informática, permitindo o fabrico de dispositivos mais pequenos, mais rápidos e mais eficientes do ponto de vista energético (Wang wt al., 2020).

Nanomedicina:

As nanopartículas lidam com a administração de medicamentos, a imagiologia e a terapia no tratamento do cancro, explorando a sua capacidade de interagir com sistemas biológicos a nível molecular (Peer et al., 2007).

A nanotecnologia forneceu soluções inovadoras para o diagnóstico, a medicina regenerativa e a terapia de várias doenças (Shi e Votruba, A. R. (2020).

Nanomateriais para a energia:

Os materiais nanoestruturados, como os pontos quânticos e as perovskitas, estão a ser explorados em células solares, baterias e células de combustível para melhorar a eficiência da conversão de energia e a capacidade de armazenamento (Sargent, 2014; Aricò et al., 2005).

Aplicações ambientais:

A nanotecnologia é também utilizada para a remediação ambiental, a purificação da água e o controlo da poluição através do desenvolvimento de adsorventes, membranas e catalisadores à base de nanomateriais (Karn et al., 2009; DeRosa & Mousavi, 2016).

Conclusão

A viagem pela história da nanotecnologia, a exploração dos seus conceitos fundamentais e a análise dos avanços recentes destacam o seu potencial transformador em diversos domínios. Desde os seus primórdios na antiguidade até às descobertas revolucionárias da ciência moderna, a nanotecnologia tem vindo a alargar continuamente as fronteiras da compreensão humana e da inovação tecnológica. Os princípios fundamentais que sustentam a nanotecnologia, aprofundando as propriedades e comportamentos únicos dos materiais à nanoescala. Através da elucidação de conceitos como o confinamento quântico e os efeitos de superfície, obtivemos uma visão dos fenómenos intrigantes que ocorrem a este nível minúsculo. Alguns dos avanços notáveis que foram feitos nos últimos anos, abrangendo vários domínios como a medicina, a eletrónica e as ciências ambientais, são muito encorajadores. Desde sistemas de administração de medicamentos específicos a dispositivos nanoelectrónicos de elevado desempenho, as aplicações da nanotecnologia são diversas e de grande alcance, oferecendo soluções promissoras para alguns dos desafios mais prementes da sociedade.

No futuro, a nanotecnologia continuará a desempenhar um papel fulcral na modelação do mundo que nos rodeia. Contudo, com o seu imenso potencial vêm considerações éticas e implicações societais que devem ser cuidadosamente abordadas. Ao promover a colaboração interdisciplinar e a inovação responsável, podemos aproveitar o poder transformador das nanotecnologias para o melhoramento da humanidade.

Referências

Aricò, A. S., Bruce, P., Scrosati, B., Tarascon, J. M., & van Schalkwijk, W. (2005). Nanostructured materials for advanced energy conversion and storage devices (Materiais nanoestruturados para dispositivos avançados de conversão e armazenamento de energia). Nature Materials, 4(5), 366-377.

Avouris, P., Chen, Z., & Perebeinos, V. (2007). Eletrónica à base de carbono. Nature Nanotechnology, 2(10), 605-615.

Awschalom, D. D., & Flatté, M. E. (2007). Challenges for Semiconductor Spintronics. Nature Physics, 3(3), 153-159.

Berne, B. J., & Pecora, R. (2000). Dynamic Light Scattering: With Applications to Chemistry, Biology, and Physics. Dover Publications.

Binnig, G., & Quate, C. F. (1986). Microscópio de Força Atómica. Physical Review Letters, 56(9), 930-933.

Binnig, G., & Rohrer, H. (1981). Scanning tunneling microscopy. Physical Review Letters, 56(9), 930-933.

Binnig, G., Rohrer, H., Gerber, C., & Weibel, E. (1982). Tunelamento através de uma lacuna de vácuo controlável. Applied Physics Letters, 40(2), 178-180.

Briggs, D., & Seah, M. P. (1990). Practical Surface Analysis by Auger and X-ray Photoelectron Spectroscopy. John Wiley & Sons.

Brus, L. (1986). Funções de Onda Eletrónica em Aglomerados de Semicondutores: Experiment and Theory. The Journal of Physical Chemistry, 90(12), 2555-2560.

Cho, A. Y., & Arthur, J. R. (1995). Molecular beam epitaxy. Journal of Vacuum Science & Technology B: Microelectronics and Nanometer Structures, 13(3), 1032-1037.

Cullity, B. D., & Stock, S. R. (2001). Elements of X-ray Diffraction (Elementos de Difração de Raios X). Prentice Hall.

Cushing, S. K., Li, M., & Wu, N. (2014). Síntese, propriedades e aplicações de nanomateriais de óxido. Contas de Pesquisa Química, 47(4), 1138-1145.

De Broglie, L. (1924). Recherches sur la théorie des quanta (Investigação sobre a teoria dos quanta). Annales de Physique, 3(10), 22-128.

DeRosa, M. C., & Mousavi, S. H. (2016). Biomateriais de nanoengenharia para tratamento de água: Nanomateriais à base de carbono e além. Ciência e Tecnologia Ambiental, 50(22), 11997-12013.

Desai, T. A. (2013). Tecnologia de nanoporos para aplicações biomédicas. Biomedical Microdevices, 15(4), 625-637.

Esaki, L., & Tsu, R. (1970). Superlattice and Negative Differential Conductivity in Semiconductors. IBM Journal of Research and Development, 14(1), 61-65.

Ferrari, A. C., & Robertson, J. (2000). Interpretação dos espectros Raman de carbono desordenado e amorfo. Physical Review B, 61(20), 14095-14107.

Feynman, R. P. (1960). There's plenty of room at the bottom. Engenharia e Ciência, 23(5), 22-36.

Goldstein, J. I., Newbury, D. E., Echlin, P., Joy, D. C., Lyman, C. E., Lifshin, E., ... & Romig Jr, A. D. (2003). Scanning Electron Microscopy and X-ray Microanalysis (Microscopia Eletrónica de Varrimento e Microanálise de Raios X). Springer Science & Business Media.

Grzelczak, M., Vermant, J., Furst, E. M., & Liz-Marzán, L. M. (2009). Auto-montagem dirigida de nanopartículas. ACS Nano, 4(7), 3591-3605.

Heisenberg, W. (1927). Über den anschaulichen Inhalt der quantentheoretischen Kinematik und Mechanik (Sobre o Conteúdo Percetual da Cinemática e Mecânica Quânticas Teóricas). Zeitschrift für Physik, 43(3-4), 172-198.

Hendy, S. C., Hickenbotham, M. R., & Raston, C. L. (2002). A Review of Electron Microscopy Techniques for Materials Characterization in Nanotechnology (Revisão das Técnicas de Microscopia Eletrónica para Caracterização de Materiais em Nanotecnologia). Journal of Materials Science, 37(10), 2075-2088.

Kamat, P. V. (2008). Células solares de pontos quânticos. Seminários em Energia Solar, 80(10), 572-582.

Karn, B., Kuiken, T., & Otto, M. (2009). Nanotecnologia e remediação in situ: A review of the benefits and potential risks. Environmental Health Perspectives, 117(12), 1823-1831.

Lieber, C. M., & De Franceschi, S. (2007). Nanowire Electronics: A New Frontier in Nanoscience and Nanotechnology. Nature Materials, 6(11), 824-833.

Ma, Z., Haddad, R. E., Al-Fatesh, A. S., Fang, N. X., & Shalaev, V. M. (2019). Nanofotônica para dicalcogenetos de metal de transição 2D. Materiais Avançados, 31(16), 1800712.

Madou, M. J. (2002). Fundamentals of Microfabrication: The Science of Miniaturization (2ª ed.). CRC Press.

Mann, S. (2002). Nanotecnologia: Perspetiva histórica. Materials Today, 5(11), 32-39.

Martin, C. R. (1994). Nanomateriais: Uma abordagem sintética baseada em membranas. Science, 266(5193), 1961-1966.

Müller, D. A., et al. (2009). Atomic-Scale Imaging of Nanoengineered Materials (Imagiologia à escala atómica de materiais de nanoengenharia). Advanced Materials, 21(14-15), 1455-1461.

Nel, A., Xia, T., Mädler, L., & Li, N. (2006). Toxic potential of materials at the nanolevel. Science, 311(5761), 622-627.

Nielsen, M. A., & Chuang, I. L. (2000). Quantum Computation and Quantum Information (Computação Quântica e Informação Quântica). Cambridge University Press.

Nobel Media AB. (1986). O Prémio Nobel da Química 1986. Recuperado de https://www.nobelprize.org/prizes/chemistry/1986/summary/

Peer, D., Karp, J. M., Hong, S., Farokhzad, O. C., Margalit, R., & Langer, R. (2007). Nanocarriers as an emerging platform for cancer therapy. Nature Nanotechnology, 2(12), 751-760.

Planck, M. (1900). Zur Theorie des Gesetzes der Energieverteilung im Normalspektrum (Sobre a Teoria da Lei da Distribuição de Energia no Espectro Normal). Annalen der Physik, 4(3), 553-563.

Preskill, J. (1998). Reliable Quantum Computers (Computadores Quânticos Fiáveis). Actas da Sociedade Real de Londres. Série A: Ciências Matemáticas, Físicas e de Engenharia, 454(1969), 385-410.

Reimer, L., & Kohl, H. (2008). Microscopia Eletrónica de Transmissão: Física da Formação de Imagens e Microanálise. Springer Science & Business Media.

Roco, M. C., & Bainbridge, W. S. (2001). Implicações sociais da nanociência e da nanotecnologia: Maximizar o benefício humano. Journal of Nanoparticle Research, 3(3-4), 145-152.

Sargent, E. H. (2014). Células solares de pontos quânticos coloidais. Nature Photonics, 8(6), 438-447.

Schummer, J. (2004). Implicações sociais e éticas da nanotecnologia: Significados, grupos de interesse e dinâmicas sociais. Poiesis & Praxis, 2(1), 21-37.

Seeman, N. C. (1982). Nucleic acid junctions and lattices. Journal of Theoretical Biology, 99(2), 237-247.

Shi, J., & Votruba, A. R. (2020). Nanopartículas para diagnóstico e terapia do câncer. Biotecnologia abrangente (segunda edição), 8, 127-147.

Srinivasan, U., & Howe, R. T. (2004). Tecnologia de processos de microusinagem e microfabricação. Em S. K. Agrawal (Ed.), MEMS and Microstructures in Aerospace Applications (pp. 49-86). Springer.

Tabor, D. (1966). Surface forces and surface interactions. Journal of Colloid and Interface Science, 23(1), 22-35.

Taniguchi, N. (1974). Sobre o conceito básico de nanotecnologia. Actas da Conferência Internacional sobre Engenharia de Produção, Tóquio, Japão.

Wang, C., Dong, L., Hu, W., Liu, Y., Zhu, Y., & Huang, L. (2020). Eletrónica flexível: From Materials to Devices. Advanced Materials, 32(52), 2002164.

Whitesides, G. M., & Grzybowski, B. (2002). Self-assembly at all scales (Automontagem em todas as escalas). Science, 295(5564), 2418-2421.

Whitesides, G. M., et al. (1991). Self-assembly and nanotechnology. Science, 254(5036), 1312-1319).

Zurek, W. H. (2003). Decoherence, einselection, and the quantum origins of the classical. Reviews of Modern Physics, 75(3), 715-775).

CAPÍTULO 6

Síntese e Caracterização de Nanopartículas de Óxido de Zinco pelo Método de Precipitação Química e suas Propriedades Estruturais e Ópticas

N. D. Barne[a], Suresh Gawande[b], Kiran Khandagale[b], M. R. Kale[a]

[a] Departamento de Física, ASP College Devrukh, Dist: Ratnagiri, Maharashtra, Índia.

[b]ICAR - Direção de Investigação da Cebola e do Alho, Pune, Maharashtra, Índia.

[a]Autor correspondente Email: nileshbarne11@gmail.com; dr.mrkale@gmail.com

Resumo

As nanopartículas de ZnO foram preparadas por síntese de precipitação química com uma proporção de 1:2 de nitrato de zinco hexa-hidratado como precursor e hidróxido de sódio como agente redutor. As propriedades estruturais e ópticas das nanopartículas de ZnO foram observadas utilizando técnicas de caraterização como XRD, SEM, EDS, espetroscopia UV-Vis e FTIR. O tamanho dos cristais, a estrutura e a constante de rede das nanopartículas de ZnO foram revelados por XRD. A morfologia e a estrutura das nanopartículas de ZnO foram observadas por SEM e a composição elementar por EDS. As propriedades ópticas das nanopartículas de ZnO foram confirmadas por espetroscopia UV-Vis e FTIR. As propriedades estruturais e ópticas das nanopartículas de ZnO serão utilizadas em várias aplicações em domínios como a agricultura, a eletrónica, os têxteis, o tratamento de águas, etc.

Palavras-chave: Óxido de zincoNanopartículas, Precipitação química, XRD, SEM, EDS

Introdução

A nanotecnologia é a organização, o funcionamento e a utilização de actividades à escala dos nanomateriais (1-100 nm). A nanotecnologia é utilizada em vários domínios, como a agricultura, a biotecnologia e a inovação alimentar. A investigação em nanotecnologia permitiu estabelecer a ligação entre as propriedades ópticas, eléctricas, físico-químicas e bioquímicas, por exemplo, uma proporção mais notável entre a superfície e o volume, a reatividade da superfície, a entrega lenta e a entrega de suplementos(Dasgupta et al., 2017). As nanopartículas transmitem três medidas e são divididas em dimensão zero, uma dimensão, duas dimensões e três dimensões (Paul e Robeson 2008).

As nanopartículas são conjuntos moleculares ou atómicos com uma dimensão na escala nanométrica, que podem melhorar a sua ação física, química e biológica em comparação com os materiais a granel (Phata 2010). Atualmente, as nanopartículas são criadas utilizando diferentes técnicas físicas, químicas e de biossíntese ou de síntese verde. O método de precipitação química, o método sol-gel, a combustão seca, o método de gelificação iónica e o método hidrotérmico são normalmente utilizados para a preparação de nanopartículas. No método químico, os agentes de cobertura e o catalisador desempenham um papel vital na manutenção do tamanho dos nanomateriais (Ingale e Chaudhari 2013). As nanopartículas metálicas, as nanopartículas de óxido metálico, as nanopartículas compósitas e as nanopartículas polimerizadas são utilizadas para diferentes aplicações (Ngo et al. 2014).

Estão disponíveis diferentes técnicas de caraterização para a análise de nanopartículas, algumas técnicas comuns são XRD, espetroscopia (UV-Vis) e microscopia eletrónica de transmissão (TEM), (Awasthi et al., 2017). As nanopartículas de ZnO têm semicondutores de óxido metálico com um intervalo de banda de energia de 3,37 eV e energia de ligação de 60 meV. Portanto, pode ser usado em várias aplicações como cosméticos, medicamentos, fungicidas, etc. (Getie et al., 2017). As nanopartículas de ZnO têm antibacteriano, antifúngico, anticâncer e cicatrização de feridas usadas em diferentes campos como física, química, medicina, agricultura, meio ambiente e energia (Katiyar et al., 2020). nanopartículas de óxido de zinco foram sintetizadas usando o método de precipitação química com hidróxido de sódio em uma solução aquosa (Narendhran, Rajiv e Sivaraj 2016).

Neste trabalho, relatamos as propriedades estruturais, morfológicas e ópticas de nanopartículas de óxido de zinco sintetizadas pelo método de precipitação química com nitrato de zinco hexahidratado e agente redutor de hidróxido de sódio.

Materiais e métodos

Materiais

Os reagentes analíticos nitrato de zinco hexa-hidratado e hidróxido de sódio em flocos foram adquiridos à Loba Chemie Pvt. Ltd. Mumbai, Índia. Utilizou-se água destilada para preparar as soluções.

Preparação de nanopartículas de óxido de zinco

As nanopartículas de óxido de zinco foram preparadas pelo método de precipitação química. Adicionou-se 0,5 M de nitrato de zinco hexa-hidratado a 100 ml de água destilada num copo e agitou-se durante 30 minutos num agitador magnético. Adicionou-se 1M de hidróxido de sódio a 100 ml de água destilada noutro copo. Adicionou-se lentamente uma solução 1M de hidróxido de sódio ao copo, sob agitação contínua, durante cinco horas, a uma temperatura de 70^0 C. O precipitado branco foi depositado à temperatura normal durante 12 horas e filtrado com papel de filtro Whatman. A formação do precipitado branco foi seca a 90^0 C num forno de ar seco durante 5 horas e depois calcinada à temperatura de 200^0 C durante 5 horas numa mufla para produzir nanopartículas de óxido de zinco.

Caracterização de nanopartículas de óxido de zinco

A estrutura e o tamanho dos cristais das nanopartículas de óxido de zinco foram caracterizados por um difratómetro de raios X (XRD Rigaku Miniflex-600, Japão). A morfologia da superfície das nanopartículas de óxido de zinco foi identificada por Microscópio Eletrónico de Varrimento (SEM) (JEOL, JSM-6360) a 20 kV. A composição elementar das nanopartículas de óxido de zinco foi identificada por espetroscopia de dispersão de energia (EDS). A absorção e o intervalo de banda de energia das nanopartículas de óxido de zinco foram obtidos por espetrofotómetro UV-Vis Shimadzu-2600 DRS (espetro de reflectância difusa). O grupo funcional foi confirmado utilizando um espetrofotómetro FTIR (Shimadzu, IRAffinity-1, Japão), com intervalos de 400 cm^{-1} a 4000 cm^{-1} .

Resultados e discussão

1. Difração de raios X (XRD)

A estrutura cristalina, o tamanho dos cristais e a constante de rede das nanopartículas de óxido de zinco foram confirmados utilizando o software PANalytical Xpert High Score (Jyoti et. al., 2013). mostra o padrão XRD das nanopartículas de óxido de zinco que revelou diferentes picos de difração com valores 2θ de $31,71^0$, $34,39^0$, $36,22^0$, $47,52^0$, $56,54^0$, $62,80^0$, $66,24^0$, 67.88^0 , 68.98^0 , 72.51^0 , e 76.95^0 correspondentes a (100), (002), (101), (102), (110), (103), (200), (112), (201), (004), e (202) planos de índices de Miller, respetivamente. Estes picos foram comparados com o cartão padrão JCPDS (Join Committee Powder Diffraction

Standard) n.º 01-079-0207. O tamanho dos cristais (D) das nanopartículas de óxido de zinco foi calculado pela equação de Debye-Scherer,

$$D = \frac{k\lambda}{\beta cos\theta}$$

Onde,

K = 0.89

λ = 1,5406 A^0

β = FWHM em radianos

θ = ângulo de difração de Bragg

O tamanho médio dos cristais das nanopartículas de óxido de zinco é de 26,10 nm (Belay et.al., 2020).

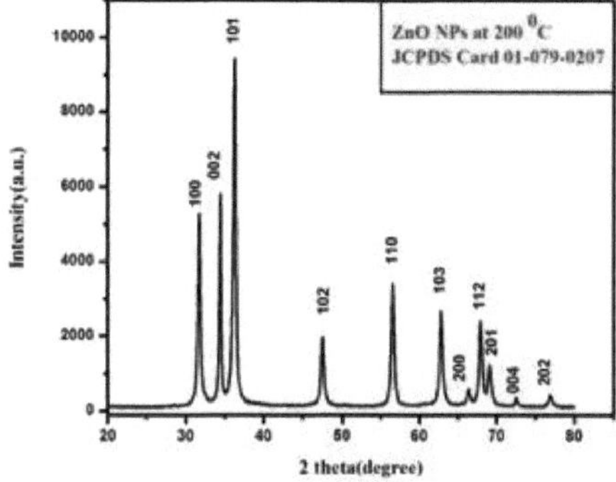

Figura 1: Padrão XRD das nanopartículas de ZnO

2 Análise SEM e espetroscopia de dispersão de energia (EDS)

As Fig. 2 a e b mostram as imagens SEM das nanopartículas de óxido de zinco calcinadas a 200^0 C. A morfologia das nanopartículas de óxido de zinco tem uma escala de resolução de 1µm e 0,5 µm, respetivamente. O SEM mostrou a distribuição contínua das nanopartículas de óxido de zinco. A morfologia das nanopartículas é quase esférica em forma e aglomeração (Sing et. al., 2011).

Figura 2: Imagens SEM das nanopartículas de ZnO a) e b)

A Fig. 3 mostra que o espetro EDS confirmou a distribuição elementar das nanopartículas de óxido de zinco com peso atómico de zinco e oxigénio de 31,37% e 68,24%, respetivamente (Dulta et. al., 2021).

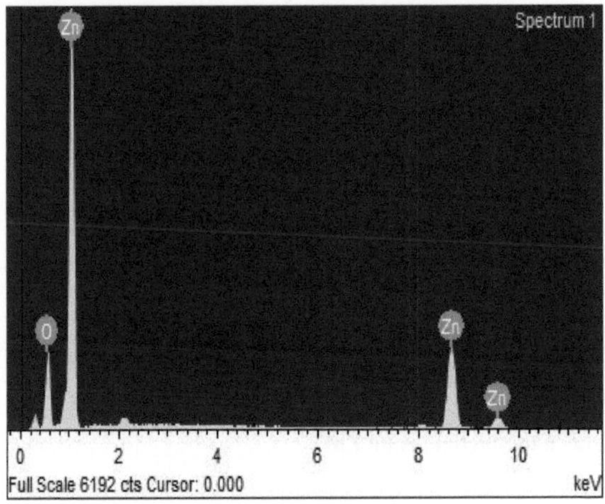

Figura 3: EDS das nanopartículas de ZnO

Espectroscopia de absorção UV-Vis

A espetroscopia de absorção UV-Vis foi utilizada para identificar as propriedades ópticas das nanopartículas de óxido de zinco. As Fig.4 (a) e (b) mostram os espectros de absorção e o intervalo de banda de energia, respetivamente. O pico de absorção foi revelado a 337,77 nm e o valor do intervalo de energia de 3,21 eV foi calculado utilizando o método Tauc Plot (Ramesh et. al., 2022).

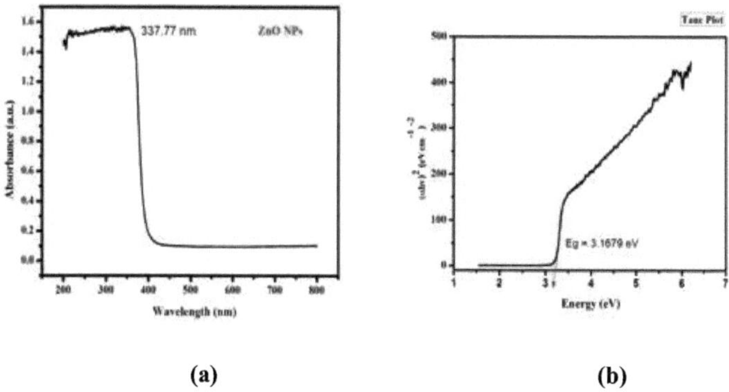

(a) (b)

Figura 4: a) Absorvância das nanopartículas de óxido de zinco, e b) $(\alpha h\nu)^2$ em função da energia

Análise FTIR (Infravermelho com Transformada de Fourier)

A análise FTIR das nanopartículas de óxido de zinco confirmou os grupos funcionais. Os espectros FTIR revelaram transmitância a 449,97, 686, 882, 1217, 1365, 1737 e 2332 cm^{-1} na região de 400-4000 cm^{-1} . A transmitância revelou a presença de uma ligação de estiramento de vibração de Zn-O a 449,97, 686 e 882 cm^{-1} (Bekele et. al., 2021). A ligação de estiramento de vibração de C-O é observada a 1217 e 1365 cm^{-1} . A ligação de estiramento C = O é revelada a 1737 cm^{-1} (Zhao e Qi 2012). A transmitância a 2332 cm^{-1} é revelada que as moléculas de CO_2 (Duraimurugan et. al., 2018).

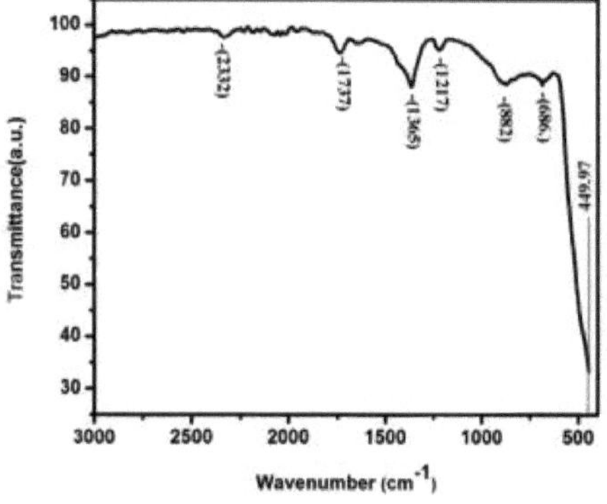

Figura 5: Análise espetral FTIR das nanopartículas de óxido de zinco

Conclusão

As nanopartículas de óxido de zinco foram sintetizadas pelo método de precipitação química e caracterizadas por XRD, SEM, EDS, espetroscopia UV-Vis e FTIR. O tamanho médio dos cristais das nanopartículas de óxido de zinco é de 26,10 nm por XRD. As imagens SEM confirmaram uma forma quase esférica com aglomeração, e o EDS confirmou que o peso atómico de Zn e O é de 31,37% e 68,24%, respetivamente. Os espectros de absorção são observados a 337,77 nm e o valor do intervalo de energia é de 3,21 eV por espetroscopia UV-Vis. A presença de uma ligação vibratória Zn-O é revelada por FTIR. Este resultado conclui que é utilizado um método muito económico para a preparação de nanopartículas de óxido de zinco, que podem ser utilizadas em várias aplicações.

Referências

1. Dasgupta, Nandita, Shivendu Ranjan e Chidambaram Ramalingam. 2017. "Aplicações da Nanotecnologia na Agricultura e Gestão da Qualidade da Água". *Environmental Chemistry Letters* 15 (4): 591–605. https://doi.org/10.1007/s10311-017-0648-9.
2. Paul, D. R., e L. M. Robeson. 2008. "Nanotecnologia de polímeros: Nanocomposites". *Polymer* 49 (15): 3187–3204. https://doi.org/10.1016/j.polymer.2008.04.017.
3. Phata, Jambhul. 2010. "N anotecnologia em D isposições Agrícolas e". *Nanotecnologia* 2 (4): 83-92.
4. Ingale, Arun G., e A. N. Chaudhari. 2013. "Síntese Biogénica de Nanopartículas e Aplicações Potenciais: An Eco-Friendly Approach" [Uma abordagem ecológica]. *Jornal de Nanomedicina e Nanotecnologia* 4 (2): 7. https://doi.org/10.4172/2157-7439.1000165.
5. Ngo, Quoc Buu, Trong Hien Dao, Hoai Chau Nguyen, Xuan Tin Tran, Tuong Van Nguyen, Thuy Duong Khuu e Thi Ha Huynh. 2014. "Efeitos de Pós Nanocristalinos (Fe, Co e Cu) na Germinação, Crescimento, Rendimento da Cultura e Qualidade do Produto da Soja (Espécie Vietnamita DT-51)." *Avanços em Ciências Naturais: Nanociência e Nanotecnologia* 5 (1). https://doi.org/10.1088/2043-6262/5/1/015016.
6. Awasthi, Anjali, Sonu Bansal, Lokesh Kumar Jangir, Garima Awasthi, Kumud Kant Awasthi e Kamlendra Awasthi. 2017. "Efeito das Nanopartículas de ZnO

na Germinação de Sementes de Triticum Aestivum". *Macromolecular Symposia* 376 (1): 1–5. https://doi.org/10.1002/masy.201700043.

7. Getie, S., Belay, A., Chandra Reddy, A. R., & Belay, Z. (2017). Síntese e caraterização de nanopartículas de óxido de zinco para aplicações antibacterianas. *J NanomedNanotechno S*, *8*(004).
8. Katiyar, A., Kumar, N., Shukla, R. K., & Srivastava, A. (2020). Influência de hidróxidos alcalinos na síntese, propriedades físico-químicas e fotoluminescentes de nanopartículas de óxido de zinco. *Materials Today: Proceedings*, *29*, 885-889.
9. Narendhran, S., P. Rajiv, e Rajeshwari Sivaraj. 2016. "Toxicidade das nanopartículas de ZnO na germinação de Sesamum Indicum (Co-1) e sua atividade antibacteriana". *Boletim de Ciência dos Materiais* 39 (2): 415–21. https://doi.org/10.1007/s12034-016-1172-4.
10. Jyoti, M., Vijay, D., & Radha, S. (2013). Estudar o papel da temperatura e da concentração de hidróxido de sódio na síntese de nanopartículas de óxido de zinco. *Revista Internacional de Publicações Científicas e de Investigação*, *3*(11), 2250-3153.
11. Belay, A., Mekuria, M., & Adam, G. (2020). Incorporação de nanopartículas de óxido de zinco em têxteis de algodão para proteção contra luz ultravioleta e atividades antibacterianas. *Nanomateriais e Nanotecnologia*, *10*, 1847980420970052.
12. P Singh, R., K Shukla, V., S Yadav, R., K Sharma, P., K Singh, P., & C Pandey, A. (2011). Abordagem biológica da formação de nanopartículas de óxido de zinco e sua caraterização. *Advanced Materials Letters*, *2*(4), 313-317.
13. Dulta, K., KoşarsoyAğçeli, G., Chauhan, P., Jasrotia, R., & Chauhan, P. K. (2021). Uma nova abordagem de síntese de nanopartículas de óxido de zinco por extrato de rizoma de bergeniaciliata: potencial antibacteriano e anticâncer. *Jornal de Polímeros e Materiais Inorgânicos e Organometálicos*, *31*(1), 180-190.
14. Ramesh, P., Rajendran, A., & Ashokkumar, M. (2022). Biossíntese de nanopartículas de óxido de zinco a partir do extrato da planta Phyllanthus Niruri para actividades fotocatalíticas e antioxidantes. *Revista Internacional de Química Analítica Ambiental*, 1-12.
15. Bekele, B., Degefa, A., Tesgera, F., Jule, L. T., Shanmugam, R., Priyanka

Dwarampudi, L., & Ramasamy, K. (2021). Métodos de precipitação verde versus química para preparar nanopartículas de óxido de zinco e investigação de propriedades antimicrobianas. *Journal of Nanomaterials, 2021.*

16. Zhao, X., & Qi, L. (2012). Síntese rápida assistida por micro-ondas de esferas ocas de ZnO hierárquicas e sua aplicação na remoção de Cr (VI). *Nanotecnologia*, *23*(23), 235604.
17. Duraimurugan, J., Kumar, G. S., Venkatesh, M., Maadeswaran, P., & Girija, E. K. (2018). Morfologia e síntese controlada por tamanho de nanoestruturas de óxido de zinco e suas propriedades ópticas. *Jornal de Ciência dos Materiais: Materiais em Eletrónica*, *29*(11), 9339-9346.

CAPÍTULO 7

Desvendar as complexidades da poluição por mercúrio

Srikant S. Kekane

I.C. S. College of Arts, Commerce and Science, Khed, Ratnagiri, Maharashtra, Índia

---

Introdução

O mercúrio, um metal tóxico omnipresente e persistente, representa um desafio multifacetado para a gestão ambiental e a saúde pública. Desde a extração artesanal de ouro até às emissões industriais, a poluição por mercúrio infiltra-se em diversos ecossistemas, ameaçando a biodiversidade e o bem-estar humano. Nesta análise exaustiva, embarcamos numa viagem através da intrincada teia da poluição por mercúrio, explorando as suas origens, vias, impactos, quadros regulamentares e estratégias de mitigação em pormenor meticuloso.

Compreender a poluição por mercúrio

O mercúrio, com as suas propriedades únicas de volatilidade, persistência e bioacumulação, representa um desafio formidável quando libertado no ambiente. O seu complexo ciclo biogeoquímico envolve compartimentos atmosféricos, aquáticos e terrestres, ampliando o alcance e o impacto da poluição por mercúrio. Para compreender o âmbito desta questão, é imperativo dissecar as fontes, formas e vias de transformação do mercúrio em várias matrizes ambientais.

Fontes e formas de poluição por mercúrio

1. **Fontes naturais**: Embora o mercúrio ocorra naturalmente na crosta terrestre, os processos geológicos, como as erupções vulcânicas e a meteorização das rochas, libertam mercúrio para a atmosfera e a hidrosfera. As emissões naturais contribuem significativamente para o ciclo global do mercúrio, embora com variações regionais nas concentrações.

2. **Fontes antropogénicas**: As actividades humanas alteram dramaticamente o ciclo do mercúrio, introduzindo grandes quantidades de mercúrio no ambiente através da exploração mineira, processos industriais, produção de energia, incineração de resíduos e utilização de produtos contendo mercúrio. Entre as fontes antropogénicas mais significativas encontram-se a extração artesanal e

em pequena escala de ouro (ASGM), a combustão de carvão e a produção de cloro e álcalis.

3. **Formas de Mercúrio**: O mercúrio existe em várias formas químicas, cada uma com propriedades e destinos ambientais distintos. O mercúrio elementar (Hg^0) é volátil e facilmente libertado para a atmosfera, onde é transportado a longa distância antes de se depositar. O mercúrio inorgânico (Hg^2+) e os compostos orgânicos de mercúrio, como o metilmercúrio (MeHg), apresentam diferentes perfis de biodisponibilidade e toxicidade, influenciando o seu comportamento e impactos ambientais.

Vias e destino do mercúrio no ambiente

1. **Transporte atmosférico**: Uma vez libertado para a atmosfera, o mercúrio sofre transformações complexas, incluindo oxidação, redução e reacções fotoquímicas. O mercúrio elementar pode persistir na atmosfera durante meses a anos, sofrendo transporte global antes de se depositar em superfícies terrestres e aquáticas através de processos de deposição seca e húmida.

2. **Ciclo aquático**: O mercúrio entra nos ecossistemas aquáticos através da deposição atmosférica, escoamento superficial e descarga direta. Nas massas de água, o mercúrio sofre metilação por processos microbianos, levando à formação de metilmercúrio, um composto altamente tóxico e bioacumulativo. O metilmercúrio biomagnifica-se nas cadeias alimentares aquáticas, colocando em risco os peixes, a vida selvagem e os consumidores humanos.

3. **Vias terrestres**: A contaminação do solo e dos sedimentos com mercúrio ocorre através da deposição atmosférica, das descargas de águas residuais e da aplicação no solo de fertilizantes e pesticidas contendo mercúrio. Os ecossistemas terrestres funcionam como sumidouros e fontes de mercúrio, desempenhando os microrganismos do solo um papel crucial nas transformações e no ciclo do mercúrio.

Impactos da poluição por mercúrio

1. **Efeitos na saúde humana**: A exposição ao mercúrio, principalmente através do consumo de peixe e marisco contaminados, apresenta riscos significativos para a saúde humana, especialmente deficiências neurológicas e de desenvolvimento. A exposição pré-natal ao metilmercúrio pode resultar em

défices cognitivos irreversíveis, afectando as capacidades cognitivas e motoras das crianças expostas.

2. **Consequências ecológicas**: A poluição por mercúrio exerce efeitos profundos nos ecossistemas e na biodiversidade, especialmente em ambientes aquáticos. O metilmercúrio é bioacumulado nos organismos aquáticos, levando a falhas na reprodução, alterações comportamentais e declínios populacionais em espécies sensíveis. Os predadores de topo, como as aves e os mamíferos que se alimentam de peixe, são particularmente susceptíveis à toxicidade do mercúrio, sofrendo uma diminuição da reprodução e da sobrevivência.

3. **Implicações globais**: A poluição por mercúrio transcende as fronteiras geográficas, com as emissões de mercúrio de fontes distantes a contaminar ecossistemas remotos e comunidades indígenas. O transporte e a transformação globais do mercúrio sublinham a necessidade de esforços internacionais coordenados para combater a poluição por mercúrio através de acordos e parcerias multilaterais.

Quadros regulamentares e respostas políticas

1. **Convenção de Minamata sobre o Mercúrio**: A Convenção de Minamata, adoptada em 2013, representa um tratado internacional de referência destinado a reduzir as emissões e a exposição ao mercúrio em todo o mundo. A convenção impõe medidas para controlar a utilização de mercúrio na ASGM, eliminar progressivamente os produtos com adição de mercúrio e mitigar as libertações de mercúrio de fontes industriais.

2. **Regulamentos nacionais e regionais**: Muitos países promulgaram legislação e regulamentos para controlar a poluição por mercúrio, incluindo normas de emissão para centrais eléctricas a carvão, restrições à utilização de mercúrio em produtos e requisitos de reparação para locais contaminados. Iniciativas regionais, como os padrões de mercúrio e tóxicos no ar (MATS) dos EUA e o Regulamento de Mercúrio da União Européia, complementam ainda mais os esforços globais para lidar com a poluição por mercúrio.

3. **Abordagens integradas**: As abordagens integradas de gestão da poluição, que englobam a prevenção da poluição, tecnologias de controlo, monitorização e envolvimento do público, são essenciais para gerir eficazmente a poluição por

mercúrio em todos os sectores e escalas geográficas. Estas abordagens procuram minimizar as libertações de mercúrio na fonte, mitigar a contaminação ambiental e proteger a saúde humana e os ecossistemas.

Inovações tecnológicas e estratégias de correção

1. **Tecnologias de captura de mercúrio**: Os avanços nas tecnologias de captura de mercúrio, como a injeção de carvão ativado, a dessulfuração de gases de combustão e a redução catalítica selectiva, permitem que as centrais eléctricas a carvão e as instalações industriais reduzam eficazmente as emissões de mercúrio. Estas tecnologias capturam o mercúrio antes de este ser libertado para a atmosfera, mitigando assim a contaminação ambiental.

2. **Processos alternativos sem mercúrio**: A substituição do mercúrio por alternativas não tóxicas em processos industriais, como a produção de cloro e álcalis e a extração artesanal de ouro, é fundamental para reduzir a utilização de mercúrio e a poluição. Técnicas inovadoras, incluindo a separação por gravidade, a lixiviação de cianetos e abordagens de química verde, oferecem vias promissoras para métodos de extração e processamento sem mercúrio.

3. **Bioremediação e fitoremediação**: As técnicas de bioremediação e fitoremediação aproveitam os processos metabólicos naturais de microrganismos e plantas para degradar ou sequestrar contaminantes de mercúrio em ambientes de solo e água. As estratégias de remediação microbiana, como a biodegradação anaeróbica e a redução de sulfato, aumentam a imobilização e a desintoxicação do mercúrio em locais contaminados.

4. **Tecnologias de tratamento in situ**: As tecnologias de tratamento in situ, como as barreiras reactivas permeáveis e as alterações do solo, oferecem abordagens rentáveis e sustentáveis para a remediação de solos e sedimentos contaminados com mercúrio. Estas tecnologias visam os pontos críticos de mercúrio e facilitam a transformação das espécies de mercúrio em formas menos tóxicas, reduzindo assim os riscos ambientais.

Monitorização, vigilância e avaliação dos riscos

1. **Monitorização ambiental**: Programas de monitorização abrangentes são essenciais para avaliar os níveis de mercúrio no ar, água, solo, sedimentos e

biota, fornecendo dados críticos para a avaliação e gestão de riscos. As redes de monitorização, equipadas com instrumentação e métodos analíticos de ponta, permitem o acompanhamento em tempo real das tendências e pontos críticos da poluição por mercúrio.

2. **Monitorização biológica**: A monitorização biológica, incluindo estudos de biomonitorização e bioindicação, utiliza espécies indicadoras e biomarcadores para avaliar a exposição ao mercúrio e os efeitos na vida selvagem e nas populações humanas. Os programas de biomonitorização, como a amostragem de tecidos de peixes e a análise de mercúrio no cabelo, fornecem informações valiosas sobre a bioacumulação de mercúrio e a dinâmica de transferência trófica nos ecossistemas.

3. **Ferramentas de avaliação dos riscos**: As ferramentas quantitativas de avaliação dos riscos, como os modelos de destino ambiental e os modelos de exposição-dose-resposta, facilitam a avaliação dos riscos do mercúrio para a saúde humana e os ecossistemas. Estas ferramentas integram vias de exposição, dados de toxicidade e relações dose-resposta para estimar a probabilidade e a gravidade dos efeitos adversos associados à contaminação por mercúrio.

Sensibilização do público e envolvimento da comunidade

1. **Educação e divulgação**: Campanhas de sensibilização do público, programas educativos e workshops comunitários desempenham um papel crucial na consciencialização sobre os riscos da poluição por mercúrio e na promoção de comportamentos ambientalmente responsáveis. Esforços de divulgação orientados, adaptados a diversos públicos, promovem o envolvimento da comunidade e capacitam os indivíduos a tomar medidas proactivas para reduzir a exposição ao mercúrio e a poluição.

2. **Participação das partes interessadas**: O envolvimento das partes interessadas, incluindo agências governamentais, representantes da indústria, organizações não governamentais (ONGs) e comunidades indígenas, nos processos de tomada de decisão aumenta a transparência e a responsabilidade na gestão da poluição por mercúrio. As parcerias colaborativas facilitam a partilha de conhecimentos, o desenvolvimento de capacidades e a criação de consensos sobre questões relacionadas com o mercúrio.

3. **Justiça ambiental**: As considerações de justiça ambiental são parte integrante da abordagem da poluição por mercúrio, particularmente em comunidades vulneráveis e marginalizadas desproporcionalmente afectadas pela contaminação. O acesso equitativo à informação, aos recursos e aos processos de tomada de decisão garante que todas as partes interessadas tenham voz ativa na definição de políticas e intervenções para lidar com a poluição por mercúrio e os seus impactos.

Conclusão

A poluição por mercúrio, com as suas consequências de longo alcance para a saúde humana, os ecossistemas e a sustentabilidade global, exige uma ação urgente e concertada em várias frentes. Ao integrar o conhecimento científico, os quadros regulamentares, as inovações tecnológicas e o envolvimento da comunidade, podemos mitigar a poluição por mercúrio, proteger as populações vulneráveis e salvaguardar a integridade do nosso planeta para as gerações futuras. Ao navegarmos pelas complexidades da poluição por mercúrio, esforcemo-nos por encontrar soluções que promovam a justiça ambiental, defendam os direitos humanos e fomentem a resiliência face a esta ameaça silenciosa mas insidiosa.

CAPÍTULO 8

Síntese e caraterização do 2-((2-(3-Clorofenil)-4-metiltiazol-5-il)metileno)hidrazinocarbimidotioato de propilo

Kisan K. Gadge

Konkan Gyanpeeth, escola de artes, ciências e comércio de Karjat,

Karjat, Raigad-410201

Correio eletrónico : gadgekisan@gmail.com

Resumo

Uma nova série de carbimidotioato de propil 2-((2-(3-clorofenil)-4-metiltiazol -5-metileno) hidrazina sintetizada por condensação de tiazóis substituídos contendo base de Schiff por s-alquilação. Todos os compostos sintetizados são caracterizados por FTIR, H^1 NMR, C^{13} NMR e MASS molecular.

Palavras-chave: tiazol, tioamidas, base de schiff, tiaosemicarbazida

Introdução

As tioamidas são os blocos de construção do tiazol de Hantzsch[1] e das amidinas[2] síntese. A química dos compostos heterocíclicos contendo tiazóis continua a atrair a atenção dos químicos orgânicos sintéticos devido às suas variadas actividades biológicas,[3] tais como actividades antibacterianas, antituberculosas, anticancerígenas, antifúngicas e anti-inflamatórias. Sakagami e colaboradores relataram o isolamento de seis metabolitos secundários, designados cistatiazóis A-F, 1 (Figura 1), como uma série de novos antibióticos do caldo de cultura de mixobactérias de *Cystobacter fuscus*.[4] Estes bis-tiazóis demonstraram uma potente atividade antifúngica contra o fungo fitopatogénico *Phytopathora capsici* e demonstraram atividade contra uma vasta gama de outros fungos sem efeito no crescimento bacteriano. Nicolaou K. C. e colaboradores[5] relataram a biologia química das eptiolonas[6] 2 (Figura 1), um tiazol que contém um agente antitumoral. O núcleo do tiazol é também importante na síntese orgânica, uma vez que actua como um equivalente do grupo formilo. [7]

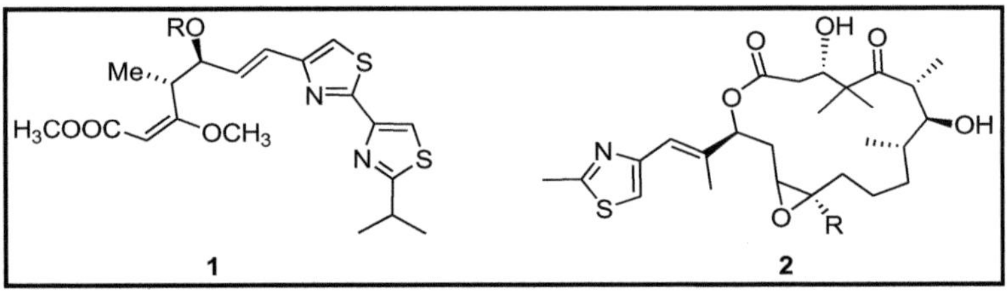

RO
Me
H_3COOC
OCH_3
S
N
N
S
1
OH
O
O
O
OH
N
S
O
R
2

Trabalho atual:

Tendo em conta estas observações e um programa em curso sobre a síntese de compostos heterocíclicos contendo tiazóis, pensou-se em sintetizar tiazóis,

Derivados de tiossemicarbazona. (Esquema 1)

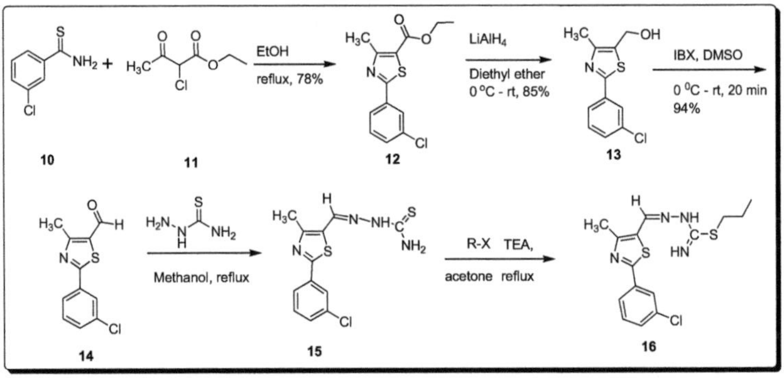

S
NH_2 +
O O
H_3C
Cl
O
Cl
10
11
EtOH
reflux, 78%
H_3C
O
O
N
S
Cl
12
$LiAlH_4$
Diethyl ether
0 °C - rt, 85%
H_3C
OH
N
S
Cl
13
IBX, DMSO
0 °C - rt, 20 min
94%
H_3C
O
H
N
S
Cl
14
S
H_2N N H NH_2
Methanol, reflux
H
H_3C
N-NH-C S
NH_2
N
S
Cl
15
R-X TEA,
acetone reflux
H
H_3C
N-NH
C-S
HN
N
S
Cl
16

Esquema 1

No presente trabalho, o 2-(3-corofenil)-4-metiltiazol-5-carboxilato de etilo **12** foi sintetizado por ciclocondensação da 3-clorotiobenzamida **10** com o 2-coro-3-oxobutanoato de etilo **11**. O éster **12** foi posteriormente reduzido, utilizando hidreto de lítio e alumínio em éter dietílico seco, ao álcool correspondente **13**. O álcool **13** foi seletivamente oxidado a aldeído **14**. O aldeído **14** foi submetido a uma reação de condensação com a semicarbazida, obtendo-se a base de Schiff. Em seguida, a base de Schiff em reação de S-alquilação com halogeneto de alquilo deu 2-((2-(3-Clorofenil)-4-metiltiazol-5-il)metileno)hidrazinecarbimidotioato de **propilo**

Resultados e discussão:

Esquema 2

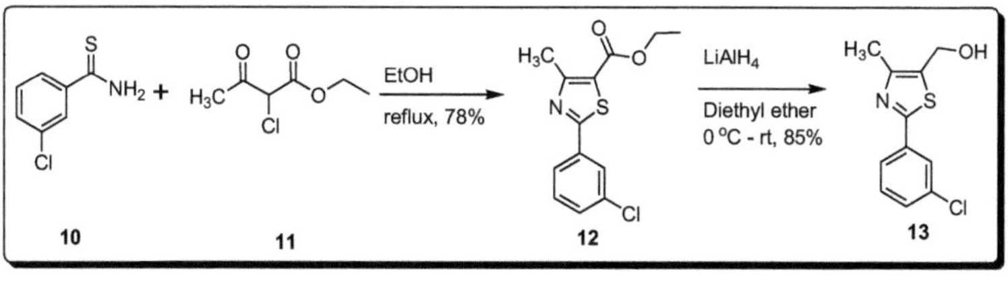

Esquema 2

O espetro de IV do éster **12** mostrou um pico de absorção a 1728 cm^{-1} indicando a presença do carbonilo do éster. O^{1} H NMR de **12** mostrou o tripleto a δ 1,40 para os protões -CH_3 e o quarteto a δ 4,38 para -CH_2 confirmando as funções de éster, um singleto a δ 2.80 integrado para três hidrogénios corresponde aos protões do tiazolo -CH_3 e os quatro protões aromáticos são ressonados a δ 7,39 (m , 2H); 7,82 (d, 1H); 7,98 (s, 1H), o espetro LCMS de **12** mostrou o pico *m/z* a 281,72 $(M+H)^+$, o que confirma a sua estrutura.

A redução do éster **12** a (4-metil-2-(3-clorofenil)tiazol-5-il)metanol **13** foi conseguida utilizando hidreto de lítio e alumínio em éter dietílico seco com um rendimento de 85 %. A estrutura do álcool foi confirmada pelos dados espectrais. O espetro de IV mostrou uma forte absorção a 3290 cm^{-1} , o que significa a presença do grupo hidroxilo, com ausência de absorção na região C=O. O espetro^{1} H NMR de **13** revelou a ausência de um quarteto e de um tripleto correspondentes ao grupo carboetoxi, bem como o aparecimento de um singleto a δ 4,82 que integra dois protões atribuídos ao protão -CH_2 OH. Além disso, o espetro também revelou um pico correspondente aos três protões de metilo a δ 2,42 e os protões aromáticos apareceram a δ 7,26 a 7,80 integrados para quatro protões aromáticos. O espetro de massa de **13** mostrou o pico *m/z* a 239,5 $(M+H)^+$, o que confirma ainda mais a sua estrutura.

A literatura revelou que a oxidação selectiva da função álcool em aldeído[23] em (4-metil-2-feniltiazol-5-il)metanol foi conseguida utilizando agentes oxidantes de metais de transição. Assim, o álcool foi seletivamente oxidado a aldeído em 65% utilizando MnO_2 . Observou-se que, quando o álcool **13** foi tratado com IBX em DMSO a 0 °C até à temperatura ambiente, o aldeído **14 foi obtido com um** rendimento de 90% em 20 minutos de reação (**esquema 3**). A formação do 4-metil-2-(3-clorofenil)tiazol-5-carbaldeído **14** foi confirmada pelos seus estudos espectrais.

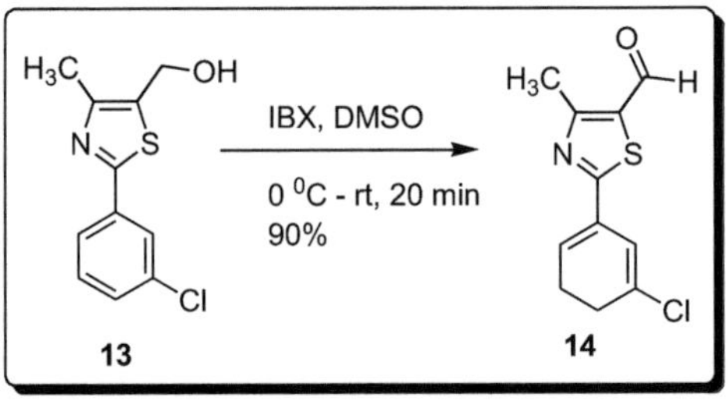

Esquema 3

O espetro de IV de **14 mostrou** as bandas de absorção a 2847, 2735 cm^{-1} e 1690 cm^{-1} devido à frequência de estiramento dos grupos funcionais C-H e C=O do aldeído. ^{1}O espetro de RMN de H de **14** mostrou o singleto a δ 2,79, integrando três protões atribuídos ao grupo metilo, e quatro protões aromáticos a δ 7,43 (m, 2H); 7,83 (d, 1H); 8,02 (s, 1H). O protão do aldeído ressonou a δ 10,11. A RMN de^{13} C do aldeído mostrou um sinal a δ 18,8 que corresponde ao grupo metilo do anel de tiazol. Os carbonos dos anéis fenil e tiazol aparecem a δ125,24, 127,0, 130,0 131,0, 133, 134, 135,0, 162,0 e 171,0, enquanto um pico a δ 182,0 foi atribuído ao C=O do grupo aldeído. Além disso, a estrutura foi confirmada pelo espetro HRMS que mostrou o pico *m/z* a 270,0360 $(M+MeOH + H)^{+}$.

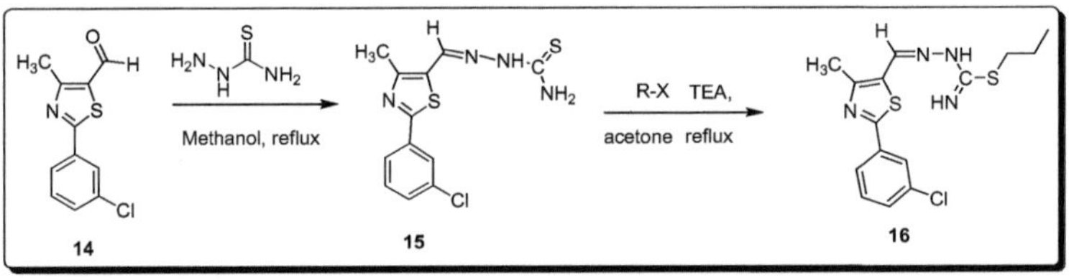

Esquema 4

A tiossemicarbazona foi submetida à reação de condensação com o 4-metil-2-(3-clorofenil)tiazol-5-carbaldeído **14**, utilizando ácido acético glacial como catalisador em metanol seco, obtendo-se a tiossemicarbazona com um rendimento de 74 a 84 %. A tiossemicarbazona, na reação de substituição nucleofílica com brometo de propilo, deu origem a 2-((2-(3-clorofenil)-4-metiltiazol-5-il)metileno)hidrazinocarbimidotioato de **propilo**. O espetro de IV do composto **16** mostrou a ausência de picos de absorção característicos a 2550 cm^{-1} (S-H), indicando a formação de S-alquilação, o que foi confirmado pelos seus dados de RMN de^{1} H. O espetro de RMN de[1] H de **16** apresentou picos a δ 1,06 (t, 3H); 1,83 (m, 2H); 3,04 (t, 2H), confirmando a presença do grupo S-propil. O singleto a δ 2,56 integrado para três protões corresponde a três protões do grupo metilo. Os protões aromáticos ressoam a δ 7,39 a 8,51. Dois protões -NH são apresentados a δ 5,5. O[13] C NMR de 16 mostrou picos a 13,4, 15,8, 22,9, 32,0, 124,5, 126,5, 130,2, 135,0, 141,1, 145,4, 155,1, 156,6, 162,1, 163,2, 165,7, 167,8, 174,0. A estrutura foi ainda confirmada pelo espetro LCMS que mostrou $(M + H)^+$ a 352,95 e 353,0 corresponde a 80% e 20% de isómeros E e Z, respetivamente.

Experimental:

Etil-2-(3-clorofenil)-4-metiltiazol-5-carboxilato

A mistura de 2-coro-3-oxoetilbutanoato 13 (6,0 g; 0,037 mol) e 3-clorotiobenzamida, 12 (5,0 g; 0,037 mol) em etanol (50 mL) foi refluxada durante 8 horas. Após a conclusão da reação (TLC), metade do solvente foi destilado e a massa reacional arrefecida à temperatura ambiente. O produto foi filtrado, lavado com água e recristalizado a partir de etanol, com um rendimento de 8,0 g (90 %).MF: C H_{1312} NO_2 SCl IR: 1728 cm^{-1} 1H NMR: 1.40 (t, 3H) ; 2.80(s, 3H); 4.38 (q , 2H); 7.39 (m , 2H); 7.82 (d, 1H); 7.98 (s, 1H)LCMS: 281.76 $(M+H)^+$

(2-(3-clorofenil)-4-metiltiazol-5-il)metanol

A uma solução gelada de hidreto de alumínio e lítio (2,3 g; 0,060 mol) em 50 mL de éter dietílico seco, adicionou-se gota a gota o 2-(3-corofenil)-4-metiltiazol-5-carboxilato de etilo , 14 (7,5 g; 0,030 mol) durante um período de 30 minutos e a mistura foi agitada durante 1 hora a 0 ◦C . Após a conclusão da reação (TLC), a mistura reacional foi extinta com uma solução saturada de sulfato de sódio. A mistura reacional foi filtrada num funil sinterizado. A solução aquosa foi extraída com éter dietílico (2 x 30 mL), a camada orgânica combinada foi lavada com água, depois com salmoura e seca sobre sulfato de sódio. O solvente foi removido por destilação, obtendo-se (2-(3-clofenil)-4-metiltiazol-5-il)metanol, 5,40 g (87 %).MF:C $H_{11\ 10}$ NOSCl IR: 3290 cm^{-1} ,1H NMR : 2,42 (s , 3H) ; 4,80 (s, 2H) ; 7,39 (m , 2H) ; 7,82 (d, 1H) ; 7,98 (s, 1H). LCMS : 239.72 $(M+H)^+$

(2-(3-clorofenil)-4-metiltiazol-5-il) carbaldeído

A uma solução de (2-(3-clorofenil)-4-metiltiazol-5-il)metanol, (5,0g , 0,020 mol) em DMSO 30 mL, adicionou-se IBX (6,3g , 0,023 mol) a 0 °C e a mistura reacional foi agitada a 0 °C até à temperatura ambiente. O progresso da reação foi monitorizado por TLC. Após a conclusão da reação (20 minutos), adicionaram-se 90 mL de água à mistura reacional e extraiu-se com éter dietílico (3 x 40 mL). A camada orgânica foi lavada com água, salmoura e seca sobre sulfato de sódio. O solvente foi destilado para obter um sólido branco, 4,96 g em 94% de rendimento. MF: C H N_{121142} SCl , IR : 2735, 2847 , 1690 cm ,$^{-11}$ H NMR: 2.79 (s , 3H) ; 7.43 (m , 2H) ; 7.83 (d , 1H, J=8Hz) ; 8.02 (s , 1H) ; 10.11 (s 1H),^{13} CNMR: (CDCl3): 18.8, 125.24, 127.0, 130.0, 131.0,133.0,134.0, 135.0, 162.0,171.0,182.0 ,MASSA : 237.71 $(M+H)^{+}$

1-((2-(3-clorofenil)-4-metiltiazol-5-il)metileno) tiossemicarbazida

A uma solução de com (2-(3-clorofenil)-4-metiltiazol-5-il) carbaldeído

17 (1,0 g; 0,005), tiasemicarbazida (30 mL), metanol (0,75 g, 0,006 mol). A mistura reacional foi deixada em repouso e aquecida em banho-maria, arrefecida em água gelada. A reação foi monitorizada por TLC. Após a conclusão da reação, o produto foi filtrado, lavado com água fria e recristalizado a partir de metanol. O rendimento foi de (1,20 g, 92%) MF: C H N_{121142} SCl

LCMS: 310 $(M+H)^{+}$

2-((2-(3-Clorofenil)-4-metiltiazol-5-il)metileno)hidrazinacarbimidotioato de propilo

A uma solução de 1-((2-(clorofenil)-4-metiltiazol-5-il)metileno)tiossemicarbazida, base de Schiff (0,170g; 0,000584 mol) em acetona seca (20 mL), foi adicionado brometo de propilo (0,080g; 0,000657 mol) e a mistura reacional foi refluxada durante 2-3 horas (TLC). Após a conclusão da mistura reacional arrefecida em água gelada, o produto cristalizou como um sólido branco. O rendimento foi de o,150 g (77 %). MF: C H N_{151742} SCl , IR: 3392 , 3093, 1593, 1516 cm^{-1} , NMR: 1.06(t, 3H) ; 1.83 (m, 2H) ; 2.56 (s, 2H) ; 3.04 (t , 2H) ; 5.51 (s ,1H) ; 5.68 (s , 1H) ; 7.39 (m , 2H) ; 7.80 (d , 1H) ; 7.95 (d , 1H) ; 8.51 (s , 1H) .

LCMS: 352.91 $(M+H)^{+}$

Conclusão

Em resumo, foram obtidos bons rendimentos dos compostos sintetizados. Todos os compostos foram sintetizados com sucesso e caracterizados por FTIR, H^1 NMR, C^{13} NMR e MASS molecular. A atividade biológica destes compostos ainda não foi registada. É necessária investigação adicional para compreender o modo de atuação destas substâncias.

Agradecimentos: O autor agradece ao Centro de Investigação Garware, da Universidade de Pune, e ao IICT Hyderabad, Índia, pela disponibilização de instalações para a análise espetral dos compostos.

Referências:

1 (a) Hurd, R. N.; Delamater, G. T. *Chem. Rev.* **1961**, *61*, 45. (b) Takahata, H.; Yamazaki, T. *Heterocycles* **1988**, *27*, 1953. (c) Brown, K,; Cater, D. P.; Cavalla, J. F.; Newberry, R. A.; Wilson, R. B. *J. Med. Chem.* **1974**, *17*, 1177. (d) Srivastava, P. C.; Pickering, M. V.; Allen, L. B.; Streeter, D. G.; Campbell, M. T.; Witkowski, J. T.; Sidwell, R. W.; Robin, R. K. *J. Med. Chem.* **1977**, *20*, 256. (d) Jagodzinski, T. S. *Chem. Rev.* **2003**, *103*, 197.

2. Wagner, G.; Voigt, B.; Vieweg, H. *Pharmazie* **1984**, *39*, 226.

3. (a) Patt, W.C.; Hammilton, H.W.; Teller, M.D.; Ryan, M.J.; Taylor, D.G.; Connolly, C.J.; Doherty, A.M.; Klutchko, S.R.Sircar, I.; Steinbaugh, B.A.; Batley, B.L.; Painchaud, C.A.; Rapundalo, S.T.; Michniewicz, B.M.; Olson, S.C. *J. Med. Chem.* **1992**, *35*, 2562; (b) Haviv, F.; Ratajczyk, J.D.; DeNet, R.W.; Kerdesky, F.A.; Waltwers, R.L.; Schmidt, S.P.; Holmes, J.H.; Young, P.R.; Carter, G.W. *J. Med. Chem.* **1988**, *31*, 1719; (c) Garrido, D. M.; Corbett, D. F.; Dowrnik, K. A.; Goetz, A. S.; Littleton, T. R.; McKeown, S. C.; Mills, W. Y.; Smalley, T. L.; Briscoc, C. P.; Peat, A.J. *Bioorg. Med. Chem. Lett.* **2006**, *16*, 1840; (d) Tsuji, K.; Ishikawa, H. *Bioorg. Med. Chem. Lett.* **1994**, *4*, 1601; (e) *Chem. Abstr.* **1962**, *54*, 22576.

4. a) Ojika, M.; Suzuki, Y.; Tsukamoto, A.; Sakagami, Y.; Fudou, R.; Yoshimura, T.; Yamanaka, S. *J. Antibiot.* **1998**, *51*, 275. (b) Suzuki, Y.; Ojika, M.; Sakagami, Y.; Fudou, R.; Yamanaka, S. *Tetrahedron* **1998**, *54*, 11399.

5. Nicolaou, K. C.; Roschanger, F.; Vourloumis, D. *Angew. Chem. Int. Ed.* **1998**, *37*,2014.

6. (a) Hofle, G.; Bedorf, N.; Gerth, K.; Reichenbach (GBF), **1993**, DE-B 4211055, *Chem. Abstr.* **1993**, *120*,52841. (b) Hofle, G.; Bedorf, N.; Steinmetz, H.; Schomburg, D.; Gerth, K.; Reichenbach (GBF), H. *Angew. Chem.***1996**,

108, 1671; *Angew. Chem. Int. Ed.Engl.* **1996**, *35*, 1567. (c) Schinzer, D. *Eur. Chem. Corn.* **1997**, 7. (d) Borman, S. *Chem. Eng. News* **1996**, *74*, 24.

7 . Dondoni, A .; Marra, A . *Chem. Rev.* **2004**, *104*, 2557.

8. (a) Holzapfel, C. W.; Pettit, G. R. *J. Org. Chem.* **1985**, *50*, 2323. (b) Schmidt, U.; Utz, R.; Lieberknecht, A.; Grieser, A.; Potzolli, B.; Bahr, J.; Wagner, K.; Fischer, P. *Synthesis* **1987**, 233.

9. (a) Bredenkamp, W. P.; Holzapfel, C. W.; Snyman, R. M.; Zyl, W. J. *Synth. Commun.* **1992**, *22*, 3029. (c) Agullar, E.; Meyers, A. I. *Tetrahedron Lett.* **1994**, *35*, 2473.

10. (a). Du, J.; Qu, F.; Lee, D.; Newton, M. G.; Chu, Ch. K. *Tetrahedron Lett.* **1995**, *36*, 8167. (b) Ohkuro, M.; Kuno, A.; Sakai, H.; Takasugi, H. *Chem. Pharm.Bull.* **1995**, *43*, 947 (c) Umemura, K.; Tate, T.; Yamamura, M.; Yoshimura, J.; Yonezawa, Y.; Shin, Ch. *Synthesis* **1995**, 1423.

11. (a) Kelly, C. R.; Gebhard, I.; Wicnienski, N. *J. Org. Chem.* **1986**, *51*, 4590. (b) Williams, D. R.; Brooks, D. A. *Tetrahedron Lett.* **1996**, *37*, 983.

12. (a) Sakai, T. T.; Krishna, N. R. *Bioorg. Med. Chem.* **1999**, *7*, 1559. (b) Carter, J. S.; Rogier, D. J.; Graneto, M. J.; Seibert, K.; Koboldt, C. M.; Zhang, Y.; Talley, J. J. *Bioorg. Med. Chem. Lett.* **1999**, *9*, 1167. (c) Walczynski, K.; Timmerman, H.; Zuiderveld, O. P.; Zhanq, M. Q.; Glinka, R. *Farmaco* **1999**, *54*, 533. (d) Belokon, Ya.; Kovalenko, S. N., Silin, A. V.; Nikitchenko, V. M. *Khim. Geterotsikl. Soedin.* **1997**, 1345; *Chem. Heterocycl. Compd. (Engl. Transl.)* **1997**, 1167. (e) Mathvink, R. J.; Tolman, J. S.; Chitty, D.; Candelore, M. R.; Cascieri, M. A.; Colwell, L. F.; Deng, L.; Feeney, W. P.; Forrest, M. J.; Hom, G. J.; MacIntyre, D. E.; Tota, L.; Wyvratt, M. J.; Fisher, M. H.; Weber, A. E. *Bioorg. Med. Chem. Lett.* **2000**, *10*, 1971.

13. Kulkarni, B. S.; Fernandez, B. S.; Patel, M. R.; Bellare, R. A.; Deliwala, C. V. *J. Pharmaceutical Sci.***1969**,*58,* 852.

14. Manian, A. K.; Khadse, B. G.; Sengupta, S. R. *Indian drugs* **1994**, *31*, 442.

15. Misturu O.; Atsushi K.; Hiroyoshi S.; Hisashi, T. *Chem. Pharma Bull.* **1995**, *43*, 947.

16. Bell, F. W.; Cantrell, A. S.; Hoberg, M.; Jaskunas, S. R.; Johansson, N. G.; Jordon, C. L.; Kinnick, M. D.; Lind, P.; Jr. Morin, J. M.; Noreen, R.; Oberg, B.; Palkowitz, J. A.; Parrish, C. A.; Pranc, P.; Sahlberg, C.; Ternansky, R. J.; Vasileff, R. T.; Vrang, L.; West, S.J.; Zhang, H.; Zhou, X.X. J. *Med. Chem.* **1995**, *38*, 4929.

17. G. Domagk, R. Behnisch, F. Mietzch, H. Schmidt, Naturwissenschaften 10 (1946) 315

18. N.C. Kasuga, K. Sekino, M. Ishikawa, A. Honda, M. Yokoyama, S. Nakano, N. Shimada, C. Koumo, K. Nomiya, J. Inorg. Biochem. 96(2003) 298-310.

19. L. Feun, M. Modiano, K. Lee, J. Mao, A. Marini, N. Savaraj, P. Plezia, B. Almassian, E. Colacino, J. Fischer, S. MacDonal, Cancer Chemother. Pharmacol. 50 (2002) 223-229 .

20. N. Bharti, K. Husain, M.T. Gonza'lez Garza, D.E.C. Cruz-Vega, J. Castro-Garza, B.D. Mata-Cardenas, F. Naqvi, A. Azam, Bioorg. Med. Chem. Lett. 12 (2002) 3475-3478.

21. N. Karah, Eur. J. Med. Chem. 37 (2002) 909-918.

22. D. Hamre, J. Bernstein, R. Donovick, Proc. Soc. Exp. Biol. Med. 73 (1950) 275-278.

23. Csavassy, G; Gyorfi, Z. A. *Liebigs Ann. Chem.,* **1974**, 1195.

CAPÍTULO 9

Síntese de polihidroquinolinas assistida por micro-ondas utilizando ácido sulfúrico de celulose como catalisador em condições sem solventes

S.K. Ghumbre

Departamento de Química, I.C.S. College of Arts, Commerce and Science,

Khed, distrito de Ratnagiri-415709

Correio eletrónico: sghumbre6680@gmail.com

Resumo

A síntese de derivados de polihidroquinolina através da condensação de Hantzsch é uma via excelente, utilizando a reação de acoplamento de quatro componentes de aldeídos, dimedona, acetoacetato de etilo e acetato de amónio na presença de ácido sulfúrico de celulose como catalisador em condições sem solventes.

Palavras-Chave: Aldeído, Dimedona, Ácido sulfúrico de celulose, Reação de Hantzsch

Introdução

O núcleo da 1,4 dihidropiridina substituída (1,4-DHP) é uma fonte fértil de moléculas biologicamente importantes que possuem várias propriedades farmacológicas importantes, tais como vasodilatador, anti-hipertensivo, broncodilatador, antiaterosclerótico, heptoprotector, antitumoral, antimutagénico, geroprotector e antidiabético[1-4] . A partir de estudos recentes, a 1-4 DHP apresenta várias aplicações medicinais que incluem a atividade neuroprotectora e antiagregante plaquetária, para além da atividade anti-isquémica cerebral no tratamento da doença de Alzheimer . [5-7]

Uma condensação eficiente de Hantzsch de derivados de polihidroquinolina através de uma reação de acoplamento de quatro componentes de aldeídos, dimedona, acetoacetato de etilo e acetato de amónio na presença de HCIO $-SiO_{42}$ em condições sem solventes a uma temperatura de 90 C^{o}[8] . O $Yb(OTf)_3$ promoveu a síntese de um pote de derivados de polihidroquinolina através da reação de Hantzsch de aldeídos, dimedona, acetoacetato de etilo e acetato de amónio à temperatura ambiente com um rendimento excelente[9] . A oxidação fotocatalítica da 1,4 dihidropiridina em piridina foi amplamente investigada[10] . No presente trabalho, foi desenvolvido um novo método eficiente para a síntese de polihidroquinolina utilizando ácido sulfúrico de celulose como catalisador em condições sem solventes.

Material e métodos:

Uma mistura de aldeído (1mmol), dimedona (1mmol), acetoacetato de etilo (1mmol), acetato de amónio (1,5mmol), ácido sulfúrico de celulose (2 ml) foi colocada num frasco aberto e submetida a radiação de micro-ondas a 110-120^0 C. A reação foi confirmada por cromatografia em camada fina, o produto sólido resultante foi tratado com EtOAc, seguido de água e de uma solução de salmoura e seco com Na_2 SO_4 anidro. A solução foi concentrada a vácuo para obter o produto em bruto. O produto puro foi obtido por recristalização com álcool absoluto.

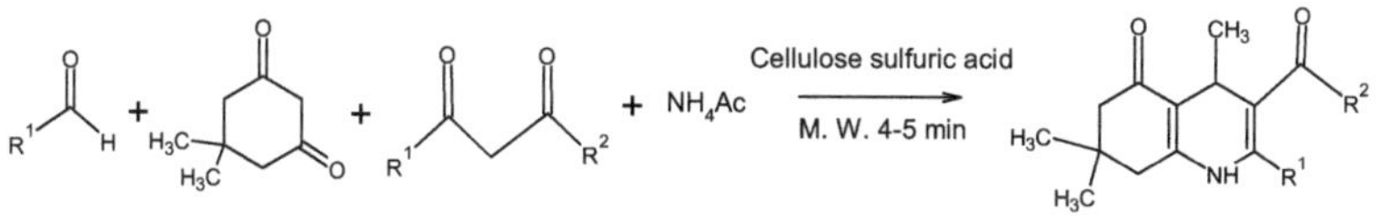

Cellulose sulfuric acid

M. W. 4-5 min

Tabela: Condensação de Hantzsch assistida por micro-ondas para síntese de derivados de polihidroquinolinas usando ácido sulfúrico de celulose como catalisador em condições livres de solvente.

Entrada	R	R1	R2	Tempo (min.)	Produto	Rendimento	Ponto de fusão (º C) Observado	Ponto de fusão (º C) Comunicado
1	C H_{65}	CH_3	OEt	5	2a	85	203-204	202-204[9]
2	4-F-C H_{64}	CH_3	OEt	4	2b	82	185-186	184-186[9]
3	4-OCH - C H_{364}	CH_3	OEt	4	2c	84	256-257	257-259[9]
4	4-CH -C H_{364}	CH_3	OEt	5	2d	80	261-262	260-261[9]
5	3-NO -C H_{264}	CH_3	OEt	5	2e	82	178-179	177-178[10]

A estrutura do produto foi determinada a partir dos seus dados espectroscópicos (UV, IR, NMR, Massa).

1. Dados espectroscópicos:

1,4,7,8-tetrahidro-2,7,7-trimetil-4-(4-fluorofenil)-5(*6H*)-oxoquinolina-3-carboxilato de etilo

(2b). Sólido amarelo, mp 185-186° C. IR (KBr): 3292, 2959, 1696, 1649, 1608, 1487, 1380, 1219, 1025, 764 cm-1. ^{1}RMN de H (400 MHz, $CDCl_3$): δ = 0,92 (s, 3H, CH_3), 1,07 (s, 3H, CH_3), 1,18 (t, *J* = 7,3 Hz, 3H, CH_3), 2,13-2,25 (m, 4H, 2 ×CH_2), 2,38 (s, 3H, CH_3), 4.05 (q, *J* = 7,33 Hz, 2H, CH_2), 5,02 (s, 1H, CH), 5,8 (s, 1H, NH), 6,85-6,89 (m, 2H, ArH), 7,23-7,27 (m, 2H, ArH). 13C NMR (75 MHz, $CDCl_3$) δ 14.1, 18.2, 26.4, 29.0, 32.1, 35.2, 50.1, 50.3, 59.0, 103.4, 110.0, 114.2, 114.3, 114.4, 129.0, 129.1, 144.1, 145.1, 149.4, 169.8, 194.2. LCMS: m/z = 356 (M-H)-. Anal. Calcd para C H_{2124} NO_3 F: C, 70,58; H, 6,72; N, 3,92; F, 5,32. Encontrado: C, 70.52; H, 6.79; N, 3.87; F, 5.28.

1,4,7,8-tetrahidro-2,7,7-trimetil-4-(4-metoxilfenil)-5(*6H*)-oxoquinolina-3-carboxilato de etilo

(2c). Sólido amarelo, mp 256-257° C. IR (KBr): 3276, 2956, 1703, 1648, 1606, 1496, 1381, 1215, 1031, 765 cm-1. 1H NMR (200 MHz, $CDCl_3$ + DMSO-d_6): δ = 0,95 (s, 3H, CH_3), 1,09 (s, 3H, CH_3), 1,21 (t, *J* = 7,2 Hz, 3H, CH_3), 2,01-2,10 (m, 4H, 2 ×CH_2), 2,30 (s, 3H, CH_3), 3,70 (s, 3H OCH_3), 4.00 (q, *J* = 7,2 Hz, 2H, CH_2), 4,80 (s, 1H, CH), 6,65 (d, *J* = 7,3 Hz, 2H, ArH), 7,10 (d, *J* = 7,3 Hz, 2H, ArH), 8,65 (s, 1H, NH). 13C NMR (75 MHz, DMSO-d6) δ 14.1, 18.2, 26.4, 29.1, 32.1, 34.7, 50.2, 50.5, 54.8, 58.9, 103.2, 110.1, 113.0, 113.1, 128.2, 128.3, 139.8, 144.6, 149.1, 157.2, 166.9, 194.2. LCMS: m/z = 368 (M-H)-. Anal. Calcd for C H_{2227} NO_4 :C, 71.54; H, 7.31; N, 3.79; Found: C, 71.59; H, 7.35; N, 3.84.

Resultados e discussão

O método clássico para a preparação de derivados de polihidroquinolina envolve a reação de aldeído com acetoacetato de etilo e amoníaco, em ácido acético ou em refluxo em álcool. No entanto, este método apresenta vários inconvenientes, como o longo tempo de reação, o excesso de solvente orgânico e o menor rendimento do produto[11] . Todos os materiais de partida na proporção de 1:1:1:1 mistura de aldeído, dimedona, acetoacetato de etilo e acetato de amónio catalisada por ácido sulfúrico de celulose como catalisador é uma reação verde assistida por micro-ondas em condições sem solventes.

Conclusão

Em conclusão, relatámos um catalisador verde biodegradável, reciclável e reutilizável de ácido sulfúrico de celulose para a reação de Hantzsch. Algumas das características eficazes deste método são a simplicidade da experiência, a condição de reação moderada, o rendimento elevado, o tempo de reação curto e a facilidade de trabalho. Esta simplicidade e lucidez tornam este método atrativo para a síntese de derivados de polihidroquinolina.

Referências:

1] Godfraid, T.; Miller, R.; Wibo, M. Pharmocol. Rev. **1986**, 38, 321.

2] Sausins, A.;Duburs, G. Heterocycles **1988**, 27, 269.

3] Mager, P. P.; Coburn, R. A.; Solo, A. J.; Triggle D. J.; Rothe, H. Drug Design Discovery **1992**, 8, 273.

4] Mannhold, R.; Jablonka, B.; Voigdt, W.; Schoenafinger, K.; Schravan, K. Eur. J. Med. Chem. **1992**, 27, 229.

5] Klusa, V. *Drugs Fut.* **1995**, *20*, 135.

6] Bretzel, R. G.; Bollen, C. C.; Maeser, E.;Federlin, K. F. Am. *J. Kidney. Dis.* **1993**, *21*, 53.

7] Bretzel, R. G.; Bollen, C. C.; Maeser, E.; Federlin, K. F. *Drugs Fut.* **1992**, *17*, 465.

8] M. Maheswara, V. Siddaiah, ARKIVOC **2006** (II) 201-206.

9] L.M. Wang, j. Sheng, Tetrahedron, **2005**,61,1539-1543.

10] Sainani, J. B.; Shah, A. C.; Arya, V. P. *Indian J. Chem*, Sect B **1994**, *33*, 526.

11] Mohammad Ziarani; Ghodsi. Irão. J. Chem. Chem. Eng. **2010**, 29, 2

CAPÍTULO 10

Aproveitamento da nanotecnologia para a descontaminação dos solos, a monitorização ambiental, a gestão dos resíduos, a recuperação dos ecossistemas e a atenuação das alterações climáticas

Sangita Anandrao Ghadge[1] , Manali Ramakant Desai[2] e Pratap Vyankatrao Naikwade[2]

[1]Colégio de Artes, Comércio e Ciências Loknete Gopinathji Munde, Mandangad, Dist: Ratnagiri (MS)

[2]Athalye Sapre Pitre College Devrukh, distrito de Ratnagiri, Maharashtra, Índia

Autor correspondente E Mail: naikwade.pratap@gmail.com

Resumo

A nanotecnologia apresenta oportunidades extraordinárias para enfrentar desafios ambientais persistentes e fazer avançar os esforços de sustentabilidade em vários domínios. Este documento explora as aplicações multifacetadas da nanotecnologia na descontaminação dos solos, na monitorização ambiental, na gestão de resíduos, na recuperação de ecossistemas e na atenuação das alterações climáticas. Na reabilitação dos solos, os nanomateriais oferecem soluções inovadoras para a remoção de poluentes e a recuperação da saúde dos solos através de processos melhorados de adsorção, degradação e imobilização. A nanotecnologia também revoluciona a monitorização ambiental, fornecendo sensores altamente sensíveis e técnicas de imagiologia para a avaliação em tempo real de parâmetros ambientais, permitindo uma gestão proactiva e o controlo das fontes de poluição. Na gestão de resíduos, a nanotecnologia facilita o tratamento eficiente de resíduos, a reciclagem e a recuperação de recursos através de materiais e processos avançados. Os nanomateriais permitem o desenvolvimento de novos sorventes, catalisadores e membranas para o sequestro de contaminantes, a captura de carbono e a produção de energia, contribuindo para a proteção do ambiente e a conservação dos recursos. Na recuperação de ecossistemas, as nanotecnologias melhoram a reabilitação de habitats, a conservação da biodiversidade e a resiliência climática através de intervenções orientadas e da libertação controlada de compostos biologicamente activos. Os nanomateriais permitem uma manipulação precisa dos processos ecológicos e a recuperação de habitats degradados, apoiando a saúde e o funcionamento dos ecossistemas. Este documento realça o potencial transformador da nanotecnologia na promoção da sustentabilidade ambiental e sublinha a importância da colaboração interdisciplinar, da inovação tecnológica e do apoio político para aproveitar os benefícios da nanotecnologia, abordando simultaneamente os potenciais riscos e considerações éticas.

Palavras-chave: captura de carbono, produção de energia, habitats, recursos, sequestro

Introdução

A nanotecnologia, com a sua capacidade única de manipular a matéria à nanoescala, surgiu como uma ferramenta poderosa para enfrentar os desafios ambientais em vários domínios. Desde a correção dos solos até à atenuação das alterações climáticas, a nanotecnologia oferece soluções inovadoras que são promissoras para alcançar a sustentabilidade e a resiliência ambientais.

A contaminação do solo representa uma ameaça significativa para os ecossistemas e a saúde humana, exigindo estratégias de remediação eficazes. A nanotecnologia oferece novas abordagens para a descontaminação do solo, tirando partido das propriedades únicas dos nanomateriais para a imobilização, degradação e remoção de contaminantes [1]. Os aditivos à base de nanopartículas, como o ferro de valência zero (nZVI) e os adsorventes à escala nanométrica, permitem um tratamento direcionado e eficiente dos solos contaminados, reduzindo as concentrações de poluentes e restaurando a qualidade do solo [2]. Além disso, a nanotecnologia permite o desenvolvimento de sistemas de distribuição inteligentes e de sensores para a monitorização e o controlo em tempo real dos processos de reparação, aumentando a eficácia e reduzindo os riscos ambientais [3].

A monitorização ambiental desempenha um papel crucial na avaliação da qualidade do ar, da água, do solo e dos ecossistemas, orientando os esforços de conservação e as decisões políticas. A nanotecnologia revoluciona a monitorização ambiental ao permitir o desenvolvimento de sensores avançados e de redes de sensores com maior sensibilidade, seletividade e versatilidade [4]. Os sensores baseados em nanomateriais detectam poluentes, agentes patogénicos e indicadores químicos em amostras ambientais, fornecendo dados em tempo real sobre parâmetros e tendências ambientais [5]. Além disso, a nanotecnologia facilita a integração de dados de sensores com tecnologias de análise de dados e de teledeteção, permitindo uma visão abrangente e acionável da saúde e sustentabilidade ambientais.

A gestão de resíduos é essencial para minimizar a poluição ambiental e o esgotamento de recursos, exigindo soluções inovadoras para melhorar o tratamento de resíduos, a reciclagem e a recuperação de recursos. A nanotecnologia oferece abordagens transformadoras para a gestão de resíduos, permitindo a remoção, separação e valorização eficientes e selectivas de materiais residuais [6]. Os nanomateriais, como os nanocatalisadores, os nanosorventes e os nanocarreadores, facilitam o sequestro de contaminantes, a conversão química e a libertação controlada de compostos activos, aumentando a eficiência e a sustentabilidade dos processos de tratamento de resíduos [7]. Além disso, a nanotecnologia permite o desenvolvimento de tecnologias avançadas de reciclagem e de práticas de economia circular, reduzindo a produção de resíduos e promovendo a conservação dos recursos.

A degradação dos ecossistemas e a perda de habitats ameaçam a biodiversidade, os serviços ecossistémicos e o bem-estar humano, exigindo esforços para restaurar e conservar os habitats naturais. A nanotecnologia contribui para a recuperação dos ecossistemas, permitindo intervenções direccionadas para a reabilitação dos habitats, a conservação da biodiversidade e a resiliência ecológica [8]. Os nanomateriais aumentam a fertilidade dos solos, a retenção de água e o ciclo de nutrientes em ecossistemas degradados, facilitando o crescimento das plantas e a recuperação dos habitats [9]. Além disso, a nanotecnologia permite o fornecimento de compostos biologicamente activos e de inoculantes microbianos para apoiar o funcionamento dos ecossistemas e a recuperação de espécies, promovendo a conservação da biodiversidade e a sustentabilidade ambiental.

As alterações climáticas colocam desafios significativos aos ecossistemas, economias e sociedades, exigindo uma ação urgente para reduzir as emissões de gases com efeito de estufa e aumentar a resistência aos impactos climáticos. A nanotecnologia oferece soluções inovadoras para a atenuação das alterações climáticas, permitindo a produção de energia limpa, a captura e armazenamento de carbono e tecnologias sensíveis ao clima [10]. Os nanomateriais melhoram a eficiência e o desempenho das tecnologias de energias renováveis, como a energia solar fotovoltaica, as turbinas eólicas e os sistemas de armazenamento de energia, facilitando a transição para uma economia hipocarbónica [11]. Além disso, a nanotecnologia permite o desenvolvimento de materiais e processos avançados para a captura, utilização e armazenamento de carbono, atenuando as emissões de gases com efeito de estufa provenientes de processos industriais e da produção de energia [12].

Nanotecnologia na recuperação de solos:

A contaminação do solo, resultante de actividades industriais, práticas agrícolas e eliminação inadequada de resíduos, apresenta riscos significativos para a saúde do ecossistema, a segurança alimentar e o bem-estar humano. Os métodos tradicionais de correção dos solos têm muitas vezes dificuldade em atenuar eficazmente os poluentes complexos e persistentes presentes nos locais contaminados. No entanto, o surgimento da nanotecnologia oferece soluções promissoras para enfrentar os desafios da contaminação do solo com precisão e eficiência.

Nanomateriais para imobilização de contaminantes

A nanotecnologia oferece novas abordagens para imobilizar contaminantes no solo, impedindo a sua migração e biodisponibilidade. Os correctivos à base de nanopartículas, como o ferro zero-valente (nZVI) e os minerais argilosos de dimensão nanométrica, apresentam uma elevada reatividade e área de superfície, permitindo a adsorção e o sequestro de metais pesados, poluentes orgânicos e contaminantes emergentes [13]. Além disso, as nanoestruturas funcionalizadas com revestimentos de superfície específicos aumentam a estabilidade e a longevidade dos contaminantes imobilizados, minimizando a lixiviação e os riscos ambientais [14]. Ao tirar partido dos nanomateriais, os esforços de remediação do solo podem alcançar uma imobilização orientada e sustentável dos contaminantes, atenuando as ameaças colocadas pela poluição do solo.

Fitorremediação com recurso a nanotecnologias

A fitorremediação é a utilização de plantas para remover, degradar ou imobilizar contaminantes no solo, oferecendo uma abordagem económica e ecológica. A nanotecnologia aumenta a eficácia da fitoremediação, melhorando a absorção, translocação e desintoxicação de poluentes pelas plantas. Os aditivos nanométricos, como as nanopartículas encapsuladas em polímeros biodegradáveis ou os transportadores de nutrientes à escala nanométrica, facilitam o fornecimento de nutrientes essenciais e de substâncias promotoras do crescimento às plantas, aumentando a sua tolerância a ambientes contaminados [15]. Além disso, os nanomateriais estimulam as interacções planta-micróbio na rizosfera, promovendo a degradação e a desintoxicação de poluentes orgânicos através da atividade microbiana [16]. Ao integrar a nanotecnologia nas estratégias de fitorremediação, os esforços de recuperação do solo podem alcançar efeitos sinergéticos e acelerar a recuperação de sítios contaminados.

A nanotecnologia oferece tecnologias avançadas de deteção e monitorização para a avaliação em tempo real da qualidade do solo e dos níveis de contaminantes. Os sensores à escala nanométrica, funcionalizados com receptores ou sondas específicos, permitem a deteção e quantificação rápidas de poluentes nas matrizes do solo. Os sensores baseados em nanopartículas, como os pontos quânticos e os nanotubos de carbono, apresentam uma elevada sensibilidade e seletividade em relação a contaminantes-alvo, facilitando o mapeamento espacial preciso e a monitorização da poluição do solo [17]. Além disso, as redes de sensores com nanomateriais fornecem dados exaustivos sobre as propriedades físico-químicas do solo, as actividades microbianas e a dinâmica dos contaminantes, orientando as estratégias de reparação e os processos de tomada de decisões [18]. Ao tirar partido da nanotecnologia, os esforços de monitorização ambiental podem atingir níveis de precisão e eficiência sem precedentes, garantindo uma intervenção e gestão atempadas da contaminação do solo.

Nanotecnologia na monitorização ambiental

A monitorização ambiental desempenha um papel crucial na avaliação da qualidade do ar, da água, do solo e dos ecossistemas e na orientação dos esforços de conservação e das decisões políticas. As técnicas de monitorização tradicionais enfrentam frequentemente limitações em termos de sensibilidade, especificidade e aquisição de dados em tempo real. No entanto, o aparecimento da nanotecnologia revolucionou a monitorização ambiental, oferecendo soluções inovadoras com maior precisão, sensibilidade e versatilidade. Este capítulo explora a aplicação da nanotecnologia na monitorização ambiental, destacando os novos nanomateriais e tecnologias de sensores que permitem uma avaliação abrangente e em tempo real dos parâmetros ambientais.

Sensores à nanoescala para a deteção da poluição

A nanotecnologia permite o desenvolvimento de sensores avançados capazes de detetar e quantificar poluentes com uma sensibilidade e seletividade sem precedentes. Os sensores baseados em nanopartículas, funcionalizados com receptores ou sondas específicos, apresentam uma elevada afinidade em relação aos poluentes visados, permitindo uma deteção rápida e precisa mesmo em concentrações vestigiais [19]. Por exemplo, os nanomateriais como os nanotubos de carbono, o grafeno e os pontos quânticos servem como excelentes plataformas para o fabrico de sensores para vários poluentes ambientais, incluindo metais pesados, contaminantes orgânicos e compostos voláteis [20]. Além disso, os conjuntos e redes de sensores com nanomateriais fornecem dados espaciais e temporais abrangentes sobre a distribuição e a dinâmica dos poluentes, facilitando o controlo e a gestão eficazes da poluição.

Nanobiossensores para biomonitorização e bioremediação

A nanotecnologia integra-se na biotecnologia para desenvolver nanobiossensores para aplicações de biomonitorização e bioremediação. Os biossensores baseados em nanopartículas, associados a biomoléculas como enzimas, anticorpos e sondas de ADN, permitem a deteção selectiva de indicadores biológicos e biomarcadores em amostras ambientais [21]. Estes nanobiossensores oferecem conhecimentos sobre a saúde ecológica, a diversidade das espécies e a dinâmica dos ecossistemas, apoiando os esforços de conservação da biodiversidade e de gestão dos ecossistemas. Além disso, os nanomateriais aumentam a eficiência dos processos de bioremediação, facilitando o fornecimento de nutrientes, factores de crescimento e consórcios microbianos a locais contaminados [22]. Ao tirar partido da nanotecnologia, a monitorização ambiental pode alcançar abordagens holísticas e integradas para avaliar e gerir sistemas ecológicos.

Deteção remota e imagiologia nanométricas

A nanotecnologia melhora as técnicas de deteção remota e de imagiologia para monitorizar parâmetros ambientais a grande escala espacial. Os agentes de contraste e as nanossondas baseados em nanopartículas permitem a imagiologia de alta resolução de processos biológicos, químicos e físicos em ambientes naturais e artificiais [23]. Os pontos quânticos, as nanopartículas de ouro e as nanopartículas magnéticas são agentes de imagiologia versáteis para o rastreio de poluentes, comunidades microbianas e dinâmica dos ecossistemas em tempo real. Além disso, as plataformas de teledeteção nanométricas, como os veículos aéreos não tripulados (UAV) e os satélites, fornecem dados valiosos sobre as alterações na utilização dos solos, a desflorestação e a degradação dos habitats, informando as estratégias de conservação e as práticas de gestão dos solos [24]. Tirando partido da nanotecnologia, a monitorização ambiental pode transcender as fronteiras geográficas e facilitar avaliações à escala global da saúde e sustentabilidade ambientais.

Desafios e direcções futuras

Apesar da promessa da nanotecnologia na monitorização ambiental, há que enfrentar vários desafios para concretizar todo o seu potencial. Questões como a estabilidade do sensor, a reprodutibilidade, a escalabilidade e a relação custo-eficácia exigem mais esforços de investigação e desenvolvimento. Além disso, as preocupações relativas ao destino ambiental e à toxicidade dos nanomateriais exigem uma avaliação exaustiva dos riscos e uma supervisão regulamentar. No futuro, a colaboração interdisciplinar e a inovação tecnológica são essenciais para ultrapassar estes desafios e desbloquear as capacidades transformadoras da nanotecnologia na monitorização ambiental.

Nanotecnologia para a gestão de resíduos

A gestão de resíduos é um aspeto crítico da sustentabilidade ambiental, abrangendo a recolha, o tratamento, a reciclagem e a eliminação de materiais residuais para minimizar a poluição ambiental e o esgotamento dos recursos. Os métodos convencionais de gestão de resíduos enfrentam frequentemente desafios em termos de eficiência, relação custo-eficácia e impacto ambiental. No entanto, o aparecimento da nanotecnologia oferece soluções transformadoras para enfrentar estes desafios, permitindo práticas de gestão de resíduos mais sustentáveis e eficientes. Este capítulo explora a aplicação da nanotecnologia na gestão de resíduos, destacando os nanomateriais e tecnologias inovadores que são promissores para melhorar o tratamento de resíduos, a reciclagem e a recuperação de recursos.

Nanomateriais para tratamento e despoluição de resíduos

A nanotecnologia oferece novas abordagens para o tratamento e a remediação de resíduos, tirando partido das propriedades únicas dos nanomateriais para tratar diversos tipos de fluxos de resíduos, incluindo resíduos perigosos, águas residuais industriais e solos contaminados. Os adsorventes e catalisadores à base de nanopartículas apresentam uma elevada área de superfície e reatividade, permitindo a remoção e degradação eficientes de poluentes de matrizes de águas residuais e solos [25]. Além disso, as membranas nanoestruturadas melhoram o desempenho dos processos de filtração e separação, permitindo a remoção selectiva de contaminantes da água e das águas residuais [26]. Ao tirar partido da nanotecnologia, os processos de tratamento de resíduos podem atingir uma maior eficiência, um menor consumo de energia e um impacto ambiental reduzido.

Reciclagem e recuperação de recursos com base em nanotecnologias

A nanotecnologia oferece soluções inovadoras para a reciclagem e a recuperação de recursos a partir de materiais residuais, facilitando a recuperação de metais, minerais e compostos orgânicos valiosos a partir de resíduos electrónicos, subprodutos industriais e resíduos sólidos urbanos. Os nanomateriais, como catalisadores, sorventes e eléctrodos de dimensão nanométrica, permitem a extração e separação selectivas de materiais-alvo de fluxos de resíduos complexos [27]. Além disso, a nanotecnologia aumenta a eficiência dos processos de reciclagem, como a pirólise, o tratamento hidrotérmico e a reciclagem eletroquímica, permitindo a conversão de materiais residuais em produtos e matérias-primas valiosos [28]. Ao integrar a nanotecnologia nas tecnologias de reciclagem, as práticas de gestão de resíduos podem atingir taxas mais elevadas de recuperação de recursos e promover uma economia circular.

Sensores à nanoescala para monitorização e controlo de resíduos

A nanotecnologia fornece tecnologias avançadas de deteção e monitorização para a avaliação em tempo real de fluxos de resíduos e parâmetros ambientais. Os sensores baseados em nanopartículas e os conjuntos de sensores permitem a deteção rápida e sensível de poluentes, agentes patogénicos e indicadores químicos em materiais residuais e águas residuais [29]. Além disso, as plataformas de sensores com nanomateriais permitem a monitorização contínua de parâmetros-chave como o pH, a temperatura e o teor orgânico, facilitando a gestão e o controlo proactivos dos processos de tratamento de resíduos. Tirando partido da nanotecnologia, as instalações de gestão de resíduos podem otimizar a eficiência operacional, minimizar os riscos ambientais e garantir a conformidade com as normas regulamentares.

Desafios e direcções futuras

Apesar da promessa da nanotecnologia na gestão de resíduos, é necessário enfrentar vários desafios para concretizar todo o seu potencial. Questões como a escalabilidade, a relação custo-eficácia, a segurança ambiental e a aprovação regulamentar exigem mais esforços de investigação e desenvolvimento. Além disso, as preocupações relativas à libertação e ao destino dos nanomateriais nos fluxos de resíduos e nos ecossistemas exigem uma avaliação exaustiva dos riscos e estratégias de atenuação. No futuro, a colaboração interdisciplinar, a inovação tecnológica e o envolvimento das partes interessadas são essenciais para ultrapassar estes desafios e desbloquear as capacidades transformadoras da nanotecnologia na gestão de resíduos.

Nanotecnologia para a recuperação de ecossistemas

A degradação dos ecossistemas e a perda de habitats são desafios ambientais prementes que ameaçam a biodiversidade, os serviços ecossistémicos e o bem-estar humano. As abordagens tradicionais à recuperação de ecossistemas enfrentam frequentemente limitações em termos de eficácia, escalabilidade e sustentabilidade a longo prazo. No entanto, o aparecimento da nanotecnologia oferece soluções inovadoras para melhorar os esforços de recuperação dos ecossistemas, permitindo intervenções direccionadas e a resiliência dos ecossistemas. Este capítulo explora a aplicação da nanotecnologia na recuperação de ecossistemas, destacando os novos nanomateriais e técnicas que são promissores para a recuperação de habitats degradados, a conservação da biodiversidade e a promoção da resiliência ecológica.

As nanotecnologias proporcionam novas abordagens para a recuperação e reabilitação dos solos, tratando a sua degradação, contaminação e erosão em ecossistemas degradados. Os correctivos do solo à base de nanopartículas, como as argilas nanométricas, o ferro zero-valente (nZVI) e o biochar, melhoram a fertilidade, a estrutura e a capacidade de retenção de água do solo [30]. Além disso, os nanomateriais facilitam a imobilização, a degradação e a desintoxicação de contaminantes no solo, promovendo a recuperação de sítios e ecossistemas contaminados [31]. Tirando partido da nanotecnologia, os esforços de recuperação de ecossistemas podem alcançar melhorias específicas e sustentáveis na qualidade do solo e na função do ecossistema.

A nanotecnologia permite o desenvolvimento de estratégias inovadoras para o sequestro de contaminantes e a fitorremediação em ecossistemas aquáticos e terrestres. Os adsorventes e as emendas à base de nanopartículas facilitam a remoção e a imobilização de poluentes, incluindo metais pesados, contaminantes orgânicos e nutrientes, das massas de água e das matrizes do solo [32]. Além disso, os nanomateriais aumentam a eficiência dos processos de fitoremediação, promovendo o crescimento das plantas, a absorção de nutrientes e a acumulação de contaminantes nos tecidos vegetais [33]. Ao integrar a nanotecnologia nas práticas de recuperação de ecossistemas, os habitats contaminados podem ser reabilitados e recuperados, apoiando a conservação da biodiversidade e a saúde dos ecossistemas.

Sistemas de distribuição em nanoescala para a restauração ecológica

A nanotecnologia oferece sistemas avançados de distribuição para a libertação orientada e controlada de compostos biologicamente activos, como nutrientes, reguladores do crescimento das plantas e inoculantes microbianos, em ecossistemas em processo de recuperação [34]. As formulações nanométricas, como as nanopartículas, as nanofibras e as nanocápsulas, protegem os ingredientes activos da degradação, aumentam a sua biodisponibilidade e facilitam a sua absorção pelos organismos-alvo [35]. Além disso, os transportadores baseados em nanomateriais permitem um controlo espacial e temporal preciso da libertação de compostos activos, minimizando os riscos ambientais e maximizando os benefícios ecológicos. Ao tirar partido da nanotecnologia, os esforços de recuperação dos ecossistemas podem conseguir uma distribuição eficiente e sustentável de recursos e intervenções essenciais para promover a recuperação dos habitats e das espécies.

Desafios e direcções futuras

Apesar da promessa da nanotecnologia na recuperação de ecossistemas, é necessário enfrentar vários desafios para concretizar todo o seu potencial. Questões como a segurança ambiental, a aprovação regulamentar, a aceitação pública e considerações éticas exigem uma avaliação exaustiva e estratégias de mitigação. Além disso, as preocupações relativas ao destino e aos efeitos a longo prazo dos nanomateriais nos ecossistemas exigem esforços interdisciplinares de investigação e monitorização. Para avançar, a investigação colaborativa, o envolvimento das partes interessadas e o apoio político são essenciais para ultrapassar estes desafios e desbloquear as capacidades transformadoras da nanotecnologia na recuperação dos ecossistemas.

Nanotecnologia para a atenuação das alterações climáticas

As alterações climáticas representam uma ameaça significativa para os ecossistemas, a biodiversidade e as sociedades humanas, sendo principalmente provocadas pelas emissões de gases com efeito de estufa e pelas actividades antropogénicas. A atenuação das alterações climáticas exige soluções inovadoras para reduzir as emissões de gases com efeito de estufa, aumentar o sequestro de carbono e adaptar-se às condições ambientais em mudança. A nanotecnologia oferece oportunidades promissoras para a atenuação das alterações climáticas, permitindo novas abordagens à produção de energia, captura de carbono e monitorização ambiental. Este capítulo explora a aplicação da nanotecnologia na atenuação das alterações climáticas, destacando as diversas estratégias e inovações com potencial para enfrentar este desafio global.

Nanomateriais para a produção de energia limpa

A nanotecnologia desempenha um papel crucial no avanço das tecnologias de energia limpa, incluindo a energia solar fotovoltaica, a energia eólica e os sistemas de armazenamento de energia. Nanomateriais como os pontos quânticos, os nanocristais de perovskite e os nanotubos de carbono melhoram a eficiência e o desempenho das células solares, permitindo maiores eficiências de conversão de energia e menores custos de produção [36]. Além disso, os materiais e revestimentos nanoestruturados melhoram as propriedades aerodinâmicas e a eficiência das pás das turbinas eólicas, aumentando a captação de energia e reduzindo os requisitos de manutenção [37]. Além disso, os eléctrodos e electrólitos baseados em nanomateriais melhoram o desempenho e a durabilidade dos dispositivos de armazenamento de energia, como as baterias de iões de lítio e os supercapacitores, permitindo soluções fiáveis e eficientes de armazenamento de energia [38]. Ao tirar partido da nanotecnologia, as tecnologias energéticas limpas podem acelerar a transição para uma economia com baixas emissões de carbono e reduzir a dependência dos combustíveis fósseis.

Captura e armazenamento de carbono com base em nanotecnologias

A nanotecnologia oferece soluções inovadoras para a captura, utilização e armazenamento de carbono (CCUS), a fim de atenuar as emissões de gases com efeito de estufa provenientes de processos industriais e da produção de eletricidade. Os nanomateriais, como as estruturas metal-orgânicas (MOF), os materiais porosos de carbono e as membranas nanoestruturadas, permitem a captura e separação eficientes do dióxido de carbono dos gases de combustão e das emissões industriais [39]. Além disso, os nanocatalisadores facilitam a conversão química do dióxido de carbono capturado em produtos de valor acrescentado, como combustíveis, produtos químicos e materiais de construção, através de processos como a fotossíntese artificial e a redução eletroquímica [40]. Além disso, os adsorventes à base de nanomateriais e as tecnologias de armazenamento geológico oferecem soluções de armazenamento fiáveis e a longo prazo para o dióxido de carbono capturado, atenuando a sua libertação na atmosfera [41]. Ao tirar partido da nanotecnologia, as tecnologias CCUS podem desempenhar um papel crucial na obtenção de emissões líquidas nulas e na atenuação dos impactes das alterações climáticas.

Nanomateriais para uma agricultura sensível ao clima

A nanotecnologia contribui para a atenuação das alterações climáticas através de inovações na agricultura sensível ao clima, melhorando a produtividade das culturas, a resiliência e a eficiência na utilização dos recursos. Os fertilizantes, pesticidas e reguladores de crescimento à base de nanomateriais permitem a distribuição direccionada e controlada de nutrientes e produtos agroquímicos às culturas, reduzindo o escoamento de nutrientes, a erosão dos solos e a poluição ambiental [42]. Além disso, os nanosensores e nanobiossensores permitem a monitorização em tempo real da humidade do solo, dos níveis de nutrientes e da saúde das culturas, possibilitando práticas agrícolas de precisão que optimizam a utilização dos recursos e minimizam os impactos ambientais [43]. Além disso, os aditivos para o solo e os nanocarreadores com nanomateriais aumentam a eficiência do sequestro de carbono nos solos agrícolas, atenuando as emissões de gases com efeito de estufa e melhorando a fertilidade e a resiliência dos solos [44]. Ao integrar a nanotecnologia nas práticas agrícolas, as soluções climaticamente inteligentes podem aumentar a segurança alimentar, promover uma gestão sustentável dos solos e atenuar os impactes das alterações climáticas.

Desafios e direcções futuras

Apesar da promessa da nanotecnologia na atenuação das alterações climáticas, há vários desafios a enfrentar para concretizar todo o seu potencial. Questões como a escalabilidade, a relação custo-eficácia, a segurança ambiental e a aprovação regulamentar exigem mais esforços de investigação e desenvolvimento. Além disso, a colaboração interdisciplinar, o envolvimento das partes interessadas e o apoio político são essenciais para ultrapassar as barreiras técnicas, sociais e institucionais à adoção de soluções baseadas na nanotecnologia para a atenuação das alterações climáticas. No futuro, são necessários esforços concertados para aproveitar as capacidades transformadoras da nanotecnologia e acelerar a transição para um futuro sustentável e resiliente.

Conclusão

A nanotecnologia tem um enorme potencial para enfrentar os desafios ambientais e avançar para um futuro mais sustentável e resiliente. Tirando partido das propriedades únicas dos nanomateriais e dos dispositivos com nanotecnologias, podemos desenvolver soluções inovadoras para a descontaminação de solos, a monitorização ambiental, a gestão de resíduos, a recuperação de ecossistemas e a atenuação das alterações climáticas. No entanto, a concretização deste potencial exige investigação em colaboração, inovação tecnológica e apoio político para ultrapassar barreiras técnicas, económicas e regulamentares. Através da colaboração interdisciplinar e do investimento estratégico, podemos tirar partido da nanotecnologia para alcançar a sustentabilidade ambiental e garantir um planeta saudável para as gerações futuras.

A nanotecnologia é útil nas práticas de remediação do solo, oferecendo soluções inovadoras para enfrentar os desafios complexos da contaminação do solo. As técnicas de descontaminação baseadas em nanotecnologias melhoram a imobilização de contaminantes, a eficácia da fitorremediação e as capacidades de monitorização ambiental. No entanto, desafios como a escalabilidade, a relação custo-eficácia e a segurança ambiental exigem uma análise cuidadosa do desenvolvimento e da aplicação de tecnologias de correção do solo baseadas na nanotecnologia. A nanotecnologia pode desempenhar um papel fundamental na recuperação da qualidade do solo, na proteção dos ecossistemas e na salvaguarda da saúde humana.

A nanotecnologia oferece soluções transformadoras para abordar as complexidades da monitorização ambiental, permitindo uma avaliação exaustiva dos parâmetros ambientais com uma precisão e sensibilidade sem precedentes. Os sensores, biossensores e técnicas de imagiologia nanométricos fornecem informações valiosas sobre a deteção da poluição, a biomonitorização e a dinâmica dos ecossistemas. As nanotecnologias permitem práticas mais sustentáveis e eficientes de tratamento, reciclagem e recuperação de recursos. As nanotecnologias oferecem soluções inovadoras para melhorar os esforços de recuperação dos ecossistemas, permitindo intervenções direccionadas e melhorias sustentáveis na qualidade dos solos, da água e dos habitats.

A nanotecnologia tem potencial para a atenuação das alterações climáticas em diversos sectores, incluindo a energia limpa, a captura e armazenamento de carbono e a agricultura sensível ao clima. Ao tirar partido das propriedades únicas dos nanomateriais, a nanotecnologia permite novas abordagens para reduzir as emissões de gases com efeito de estufa, aumentar o sequestro de carbono e adaptar-se a condições ambientais em mudança. Através da colaboração interdisciplinar e da inovação, a nanotecnologia pode revolucionar a nossa compreensão dos processos ambientais e apoiar a tomada de decisões informadas para a conservação e o desenvolvimento sustentável.

Referências

1. Wang, P., & Shen, Y. (2020). Nanomateriais para remediação de solos: An overview. Environmental Science and Pollution Research, 27(8), 7717-7730.

2. Zhang, M., Li, X., Bai, R., & Yang, R. (2017). Sensores baseados em nanomateriais para deteção de poluentes ambientais. Jornal de Ciências Ambientais, 51, 343-364.

3. Sujitha, M. V., & Kannan, S. (2019). Nanotecnologia para monitorização e controlo de resíduos: Uma visão geral. Em Nanotecnologia em Ciência e Engenharia Ambiental (pp. 177-197). CRC Press.

4. Sharma, P., & Kumar, A. (2019). Nanomateriais para tratamento de águas residuais: Uma visão geral. Em Nanomaterials in Waste Streams (pp. 1-25). Elsevier.

5. Rodrigues, D. F., & Soares, S. F. (2019). Nanomateriais biogénicos para aplicações ambientais: A review. Journal of Hazardous Materials, 363, 295-308.

6. Gogate, P. R., & Patil, P. N. (2019). Nanotecnologia na valorização de resíduos: Uma visão geral. Em Nanotecnologia na Valorização de Resíduos (pp. 1-27). Springer.

7. Saharan, V., Sharma, G., Yadav, M., & Choudhary, M. K. (2019). Papel da nanotecnologia na biorremediação de poluentes ambientais. Em Nanobiotecnologia na Agricultura (pp. 293-320). Springer.

8. Hussain, C. M. (2019). Nanomateriais na agricultura: Do laboratório ao campo. Springer Nature.

9. Pietroiusti, A., & Magrini, A. (2016). Nanopartículas projetadas na interface solo-raiz: Transporte, distribuição e biodisponibilidade. Em Nanotechnologies in Food and Agriculture (pp. 71-99). Springer.

10. Otsuka, H., & Kikuchi, K. (2019). Nanotecnologia na conversão e armazenamento de energia: Inovações e aplicações. Em Nanotecnologia para Sustentabilidade Energética (pp. 1-27). Springer.

11. Kamat, P. V. (2008). Meeting the clean energy demand: Nanostructure architectures for solar energy conversion. Journal of Physical Chemistry C, 112(48), 18737-18753.

12. Kumar, R. V., Prakash, S., & Linga, P. (2020). Nanomateriais para captura, conversão e utilização de CO_2 . Em Captura, Utilização e Sequestro de Carbono (pp. 181-213). Elsevier.

13. Zhang, W. X. (2003). Partículas de ferro em nanoescala para a recuperação ambiental: An overview. Journal of Nanoparticle Research, 5(3-4), 323-332.

14. Giraldo, J. P., & Landry, M. P. (2019). Abordagem nanobiônica de plantas para aumentar a fotossíntese e a deteção bioquímica. Nature Materials, 18(11), 1154-1159.

15. Rui, M., Ma, C., Hao, Y., Guo, J., Rui, Y., & Tang, X. (2019). Efeitos de nanopartículas de ferro zero-valente na remoção de nitrogênio e comunidades microbianas em áreas úmidas construídas de fluxo vertical. Science of The Total Environment, 651, 2777-2785.

16. Gogos, A., Knauer, K., & Bucheli, T. D. (2012). Nanomateriais na proteção e fertilização de plantas: Estado atual, aplicações previstas e prioridades de investigação. Journal of Agricultural and Food Chemistry, 60(39), 9781-9792.

17. Kim, Y. S., Kim, J. S., Cho, H. S., Rha, D. S., Kim, J. M., Park, J. D., ... & Yu, I. J. (2008). Toxicidade oral de vinte e oito dias, genotoxicidade e distribuição de tecidos relacionada com o género de nanopartículas de prata em ratos Sprague-Dawley. Inhalation Toxicology, 20(6), 575-583.

18. Lin, S., Reppert, J., Hu, Q., Hudson, J. S., Reid, M. L., Ratnikova, T. A., ... & Ke, P. C. (2009). Absorção, translocação e transmissão de nanomateriais de carbono em plantas de arroz. Small, 5(10), 1128-1132.

19. Duan, R., & Qian, J. (2019). Sensores baseados em nanomateriais para monitoramento ambiental. Em Nanomateriais para Remediação do Ar (pp. 223-246). Elsevier.

20. Zhang, M., Li, X., Bai, R., & Yang, R. (2017). Sensores baseados em nanomateriais para deteção de poluentes ambientais. Jornal de Ciências Ambientais, 51, 343-364.

21. Jazayeri, M. H., & Aghakhani Mahyari, F. (2019). Biossensores e nanotecnologia para monitoramento ambiental. Em Biotecnologia Ambiental (pp. 339-363). Springer.

22. Saharan, V., Sharma, G., Yadav, M., & Choudhary, M. K. (2019). Papel da nanotecnologia na biorremediação de poluentes ambientais. Em Nanobiotecnologia na Agricultura (pp. 293-320). Springer.

23. Bhattacharya, S. (2018). Nanomateriais para deteção e remediação ambiental. Em Nanotecnologia para descontaminação ambiental (pp. 37-56). Elsevier.

24. Li, D., & Qu, F. (2018). Sensoriamento e imagem baseados em nanotecnologia para monitoramento ambiental. Em Nanotecnologia para Proteção Ambiental (pp. 291-308). Springer.

25. Sharma, P., & Kumar, A. (2019). Nanomateriais para tratamento de águas residuais: Uma visão geral. Em Nanomaterials in Waste Streams (pp. 1-25). Elsevier.

26. Zhang, Y., Gao, B., & Creamer, A. E. (2018). Nanomateriais para tratamento de água e águas residuais: Uma visão geral. Em Nanomaterials for Environmental Protection (pp. 199-217). Springer.

27. Yu, K., & Lee, S. (2018). Nanotecnologia para reciclagem de resíduos: Uma visão geral. Em Nanotecnologia na Gestão de Resíduos (pp. 1-17). Elsevier.

28. Gogate, P. R., & Patil, P. N. (2019). Nanotecnologia na valorização de resíduos: Uma visão geral. Em Nanotecnologia na Valorização de Resíduos (pp. 1-27). Springer.

29. Sujitha, M. V., & Kannan, S. (2019). Nanotecnologia para monitorização e controlo de resíduos: Uma visão geral. Em Nanotecnologia em Ciência e Engenharia Ambiental (pp. 177-197). CRC Press.

30. Jiang, J., Xu, R. K., & Jiang, T. Y. (2012). The effects of nanomaterials on soil, water, and plants. Journal of Environmental Quality, 41(4), 1052-1061.

31. Lv, J., Zhang, S., Luo, L., Zhang, J., Yang, K., Christie, P., ... & Ma, W. (2019). Mecanismos de nano-TiO2 no alívio da toxicidade do cádmio em mudas de arroz (Oryza sativa L.). Poluição Ambiental, 247, 368-376.

32. Aravindhan, R., Madhan, B., Rao, J. R., Nair, B. U., & Ramasami, T. (2010). Bioacumulação de crómio nas águas residuais de curtumes: uma abordagem para a recuperação e reutilização do crómio. Environmental Science & Technology, 44(8), 3068-3073.

33. Pulido-Reyes, G., Leganes, F., Fernández-Piñas, F., & Rosal, R. (2016). Poluentes emergentes e plantas: abordagem nanotecnológica para o tratamento de águas residuais. Em Abordagens emergentes e ecológicas para a gestão de resíduos (pp. 209-230). Springer.

34. Rodrigues, D. F., & Soares, S. F. (2019). Nanomateriais biogénicos para aplicações ambientais: A review. Journal of Hazardous Materials, 363, 295-308.

35. Pietroiusti, A., & Magrini, A. (2016). Nanopartículas projetadas na interface solo-raiz: Transporte, distribuição e biodisponibilidade. Em Nanotechnologies in Food and Agriculture (pp. 71-99). Springer.

36. Kamat, P. V. (2008). Meeting the clean energy demand: Nanostructure architectures for solar energy conversion. Journal of Physical Chemistry C, 112(48), 18737-18753.

37. Wang, P., Yu, X., Lei, S., Wang, B., & Wang, J. (2015). Progresso recente em eletrodos nanoestruturados para supercapacitores de alto desempenho. Science China Materials, 58(4), 259-277.

38. Zhao, D., Shao, Z., Li, X., & Chen, C. (2020). Materiais derivados de estruturas orgânicas metálicas para conversão e armazenamento de energia. Em Metal-Organic Frameworks for Environmental Applications (pp. 263-286). Springer.

39. Zeng, S., Ba, J., & Jia, Y. (2018). Nanomateriais para captura e armazenamento de carbono. Em Nanomaterials for Air Remediation (pp. 279-301). Elsevier.

40. Kumar, R. V., Prakash, S., & Linga, P. (2020). Nanomateriais para captura, conversão e utilização de CO2. Em Carbon Capture, Utilization, and Sequestration (pp. 181-213). Elsevier.

41. Zhang, S., Shao, T., & Niu, Q. (2020). Nanomateriais para captura e armazenamento de carbono. In Advances in Nanotechnology and the Environment (pp. 381-407). CRC Press.

42. Hussain, C. M. (2019). Nanomateriais na agricultura: Do laboratório ao campo. Springer Nature.

43. de Souza, S. J., & de Mello, J. W. V. (2019). Nanobiossensores aplicados à agricultura de precisão. Em Biosensores para Agricultura (pp. 189-204). Springer.

44. Huang, Y., Liu, Y., Chen, H., & Huang, H. (2017). Nanomateriais para a proteção do ambiente. Em Nanomaterials for Environmental Protection (pp. 101-120). Elsevier.

CAPÍTULO 11

Eletrodeposição de Passo Único de Filmes Finos de Ferrite de Cobalto a partir de Banho Alcalino

M R Kale

Departamento de Física, ASP College Devrukh, distrito de Ratnagiri, Maharashtra. Índia

*Autor correspondente Correio eletrónico: dr.mrkale@gmail.com

---

Resumo

A eletrodeposição foi realizada para obter películas finas de ferrite de cobalto de alta qualidade a partir de um banho aquoso alcalino à temperatura ambiente. Foram optimizados vários parâmetros de preparação para obter películas finas de ferrite de cobalto lisas e aderentes. A partir de estudos de XRD, foi confirmada a formação de cristais cúbicos. Os estudos de IR confirmaram a formação da estrutura de espinélio nas películas finas de ferrite de cobalto. A partir de estudos SEM, foi observada a formação de películas lisas, uniformes e compactas. A partir de medições magnéticas, o valor da magnetização de saturação foi (298 emu/cc) obtido, o que é comparável ao valor em massa.

Palavras-chave: Electro-síntese, banho aquoso, filmes finos de ferrite de cobalto, propriedades estruturais e magnéticas.

Introdução

As películas finas magnéticas são essenciais para a produção de cabeças de gravação de películas finas para satisfazer as futuras tendências de gravação magnética de alta densidade [1]. A ferrite de cobalto, um óxido ferromagnético cúbico, é candidata a meios de gravação de alta densidade. Possui a chamada estrutura de espinélio invertido com metade dos iões Fe^{3+} no sítio "A" e o resto, juntamente com iões Co^{2+} no sítio B à temperatura ambiente. A distribuição dos catiões na ferrita de cobalto depende da história térmica da amostra [2-3]. As películas finas de ferrite de cobalto são materiais muito promissores para aplicações de gravação magneto-ótica e dispositivos de película fina devido às suas propriedades físicas, tais como alta densidade de gravação, alta coercividade, magnetização de saturação moderada, estabilidade química e dureza [4-6]. A ferrite de cobalto, tanto a granel como em película fina, tem aplicações consideráveis como núcleos de transformadores, cabeças de registo, hastes de antena, bobinas de carga de memória, dispositivos de micro-ondas, refrigeração magnética, conversão de energia solar em H_2 e aplicações biomédicas [7-10].

As películas finas de ferrite de cobalto foram preparadas através de várias técnicas químicas e físicas, como a deposição por feixe de iões, a pulverização catódica, o método sol-gel, a pirólise por pulverização e a galvanização de ferrite, etc. [11-21]. Na técnica de eletrodeposição, a reação eletroquímica ocorre nos eléctrodos de trabalho, onde tem lugar a oxidação ou a redução.

Em princípio, é possível a eletrodeposição a partir de banhos aquosos e não aquosos. No entanto, as soluções aquosas não são adequadas porque a redução da água é cineticamente mais favorável na maioria dos materiais dos eléctrodos. Também no caso de soluções aquosas de sais de ferro, a precipitação de ferro ($Fe(OH)_3$) é um problema grave, que pode ser evitado utilizando solventes não aquosos [22]. Praticamente todos os banhos de galvanoplastia comerciais contêm um ou mais agentes aditivos, o que conduz a depósitos nivelados e brilhantes. Podem ser adicionadas várias espécies electroactivas ao eletrólito de galvanização, a fim de melhorar as características do revestimento, o que melhora ainda mais a morfologia da superfície e as propriedades físicas dos depósitos. A intercalação de oxigénio pode ser possível nas espécies electrodepositadas e é um fenómeno bem conhecido. A presença de oxigénio no banho de eletrodeposição provoca a oxidação do metal depositado. Um aumento do pH perto do cátodo provoca o fenómeno de hidrólise e a consequente precipitação de qualquer grupo de ferro [por exemplo, Co (II), Ni (II)]. O banho alcalino depende geralmente da presença de um agente complexante e a eletrodeposição a partir de um banho alcalino ajuda a incorporar as espécies de oxigénio [23-25].

Sartale et al [26] depositaram películas finas de ferrite utilizando uma via eletroquímica. Trata-se de uma alternativa atractiva a algumas das outras técnicas de deposição, a fim de ultrapassar as deficiências decorrentes da elevada temperatura de deposição. Uma vez que a via eletroquímica consiste em duas etapas durante a deposição. Na primeira etapa, a eletrodeposição de várias películas de ligas como

MFe_2 (onde M= ião metálico equivalente) e a sua subsequente oxidação eletroquímica (anodização) resultam na formação de películas finas de ferrite.

No presente artigo, a deposição à temperatura ambiente de filmes finos de ferrite de cobalto foi realizada por eletrodeposição. Na eletrodeposição, durante a transferência do substrato, existe a possibilidade de contaminação da amostra de liga após a eletrodeposição da liga para anodização (oxidação). Assim, tendo em conta este inconveniente da via eletroquímica de duas etapas, é necessário modificar este método de duas etapas para a deposição de películas finas de ferrite numa única etapa. Com a eletrodeposição a partir de um banho aquoso alcalino, esta via eletroquímica de duas fases é modificada para uma única fase. A película fina de ferrite de cobalto foi depositada a partir de uma mistura de sulfato de cobalto, sulfato de ferro, ácido cítrico (agente complexante) e hidróxido de sódio. Vários parâmetros de preparação foram optimizados durante a deposição de películas finas de ferrite de cobalto para depositar películas de boa qualidade, bem aderentes e lisas. O tratamento térmico posterior foi introduzido para melhorar as propriedades. A caraterização estrutural das películas finas de ferrite de cobalto foi realizada com a ajuda de técnicas de difração de raios X (XRD), microscopia eletrónica de varrimento (SEM) e microscopia de força atómica (AFM). As medições de magnetização das películas finas de ferrite de cobalto foram efectuadas utilizando a técnica do Magnetómetro de Amostra Vibratória (VSM).

Experimental

Preparação de películas finas de ferrite de cobalto

Para a deposição das películas finas de ferrite de cobalto, foram utilizados produtos químicos de grau analógico (AR) fornecidos pela S. D. fine chemicals Ltd India. Foram utilizados como produtos químicos o sulfato de cobalto, o sulfato de ferro, o ácido cítrico e o hidróxido de sódio. Todas as soluções foram preparadas em água bidestilada.

A deposição da película fina de ferrite de cobalto foi realizada a partir de um eletrólito contendo uma mistura de soluções 0,1 M de $CoSO_4$, 0,1 M de $FeSO_4$, 0,1 M de ácido cítrico e 1 M de NaOH em várias proporções. A composição do banho foi determinada utilizando a técnica de espetroscopia de absorção atómica (AAS). Foi utilizado um sistema de três eléctrodos para a deposição de películas finas de ferrite de cobalto, em que a grafite foi utilizada como contra elétrodo, o substrato actua como elétrodo de trabalho e o elétrodo de calomelano saturado (SCE) como elétrodo de referência, para o qual foram referidos todos os potenciais de deposição. Foram utilizados 20 ml de solução não agitada desta mistura para a deposição de películas finas de ferrite de cobalto. As medições electroanalíticas e a deposição das películas finas de ferrite de Co foram efectuadas utilizando o Potencióstato/Galvanóstato modelo 263A ligado ao computador pessoal viva GPIB, software eletroquímico M 270, em modo potenciostático. Os potenciais de deposição foram medidos utilizando curvas de polarização obtidas com a ajuda da Voltametria de Varrimento Linear (LSV). Os parâmetros de preparação estão indicados na Tabela 1 para a deposição de películas finas de ferrite de cobalto lisas e uniformes. Após a deposição das películas finas de ferrite de cobalto, estas foram lavadas com água bidestilada e conservadas para posterior caraterização.

Como as películas depositadas podem conter defeitos, o recozimento ao ar ajuda a remover esse tipo de defeitos e a melhorar a cristalinidade. As películas finas de ferrite de cobalto electrodepositadas foram recozidas ao ar a 773 K durante 4 horas.

Caracterização de películas de ferrite de cobalto

A composição da película foi determinada utilizando a técnica de espetroscopia de absorção atómica (AAS) com um espetrofotómetro Perkin Elemer modelo 3030B. À temperatura ambiente, as películas finas de ferrite de cobalto foram depositadas num substrato de aço inoxidável. Para destacar a película da superfície, foi efectuado um tratamento de pré-eletroformação [25] antes da deposição das películas finas de ferrite de cobalto. A percentagem em peso do metal depositado na película foi determinada por esta técnica.

O difratómetro de raios X Philips PW 3710 foi utilizado para obter padrões de difração de raios X de películas finas de ferrite de cobalto depositadas e recozidas em substratos de aço inoxidável. O difratómetro de raios X com sistema de controlo por computador e com radiações XρKα foi utilizado para analisar os padrões de difração de raios X das películas finas de ferrite de cobalto.

As imagens SEM das películas finas de ferrite de cobalto foram obtidas utilizando o microscópio eletrónico de varrimento modelo JSM 5600. As medições magnéticas foram efectuadas com um magnetómetro de amostra vibrante (VSM) totalmente automatizado [27]. Ao aplicar um campo magnético no plano da película, foram obtidas curvas de magnetização (M) versus campo magnético (H) para películas finas de ferrite de cobalto depositadas em substratos de cobre à temperatura ambiente.

Resultados e discussão

Um fator importante na eletrodeposição, que influencia a cinética, a composição e as propriedades dos metais do grupo do ferro, é simultaneamente a evolução do hidrogénio. Para uma solução ácida, pode ser descrito como [28]

$$2H^+ + 2e \Leftrightarrow H_2 \qquad (1)$$

Tendo isto em conta, realizámos a eletrodeposição de películas finas de ferrite de cobalto a partir de um banho aquoso alcalino. Foi adicionado ácido cítrico para evitar a formação de precipitados durante o banho alcalino. A formação de óxidos na eletrodeposição é possível em banhos fortemente alcalinos, aplicando um potencial negativo superior ao potencial de redução. Para a deposição de películas finas de ferrite de cobalto a partir de um banho aquoso, foi preparada uma solução de hidróxido de sódio em água. A partir desta solução, a água actua como agente complexante, o que significa que não participa na reação química, mas ajuda a reduzir a taxa de reação.

Composição do banho

As películas finas de ferrite de cobalto foram electrodepositadas a partir de um banho feito pela mistura de soluções 0,1 M de $CoSO_4$, 0,1 M de $FeSO_4$, 0,1 M de ácido cítrico e 1 M de NaOH. Nesta solução, a quantidade total é constante de 20 ml, variando as quantidades de soluções 0,1 M de $CoSO_4$ e 0,1 M de $FeSO_4$ em diferentes proporções. A Fig. 1 mostra o gráfico do Fe na película depositada com o volume da solução 0,1 M $FeSO_4$ no banho. Observa-se que para uma solução de banho (10cc) 0,1 M $CoSO_4$ + 0,1 M $FeSO_4$ (10cc), a película depositada continha a estequiometria $CoFe_2$

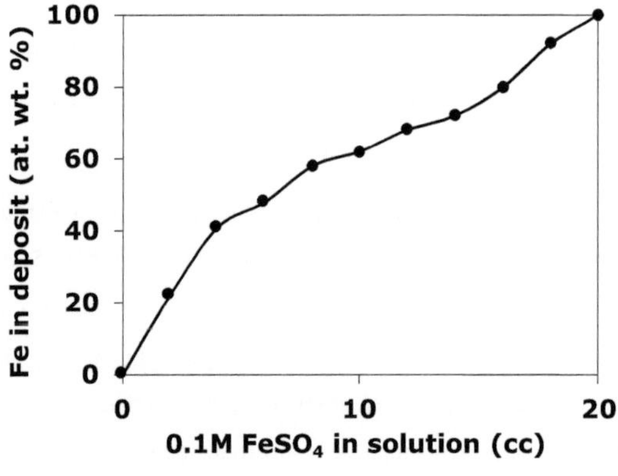

Fig.1 Gráfico do teor de Fe no depósito em função da quantidade de solução 0,1 M de $FeSO_4$ no banho.

Potencial de deposição

Para conhecer os potenciais de deposição para a deposição de películas finas de ferrite de cobalto, foi utilizada a técnica de voltametria de varrimento linear (LSV). Esta técnica é utilizada para a deposição de películas finas de ferrite de cobalto e para estudar o processo de nucleação e crescimento. As curvas cronoamperométricas da Fig. 2 mostram três regiões, em que a primeira região corresponde a um aumento rápido da corrente com um potencial aplicado de -0,55 V vs SCE, observando-se um decaimento lento da corrente na região IInd , seguido de uma corrente constante na região III. Isto explica, em geral, o mecanismo de crescimento difusivo controlado das películas finas de ferrite de cobalto. Várias técnicas de caraterização confirmaram a formação de películas finas de ferrite de cobalto e vários parâmetros de preparação optimizados estão listados na Tabela 1.

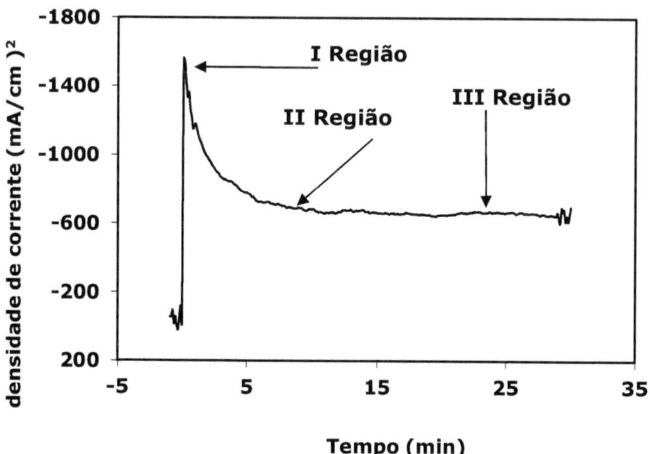

Fig.2 Um gráfico do transiente de corrente durante a deposição de películas finas de ferrite de cobalto

Tabela 1 Parâmetros de preparação optimizados para películas finas de ferrite de cobalto

Parâmetros de preparação optimizados	Para películas finas de cobalto-ferrite
Composição do banho	0,1 M $CoSO_4$ (10cc) + 0,1 M $FeSO_4$ (10cc) + 0,1 M Ácido cítrico + 1 M NaOH
Potencial de deposição, V/SCE	-0.55
Tempo de deposição (min)	30

Estudos de difração de raios X

A Fig. 3 mostra padrões de difração de raios X para películas finas de ferrite de cobalto depositadas e recozidas. Foram observados picos bem definidos de películas de $CoFe\ O_{24}$ para películas depositadas e recozidas. A partir dos padrões de XRD, infere-se que, tal como a massa, observámos uma orientação preferencial ao longo do plano (311) após o recozimento. Os parâmetros de rede foram calculados e correspondem ao valor padrão [8] dos parâmetros de rede para $CoFe\ O_{24}$. O valor do parâmetro de rede foi aumentado de 8,321 para 8,362 Å para películas de ferrite de cobalto recozidas e é comparável ao valor padrão [28]. O aumento do valor do parâmetro de rede 'a' é atribuído ao aumento da tensão na película após o recozimento.

Assim, os estudos de XRD confirmaram a formação de películas cúbicas nanocristalinas de ferrite de cobalto. Os valores observados e os valores 'd' padrão [30] corresponderam bem uns aos outros e estão listados na Tabela 2.

Tabela 2 Estudos de difração de raios X para películas finas de Co-ferrite depositadas a partir de um banho não aquoso

Filmes	Valores padrão "d" Å	Valores "d" observados Å	Plano (hkl)	Parâmetro de rede (a) Å
Como depositado	4.81	4.84	111	8.321
	1.26	1.26	622	
	1.171	1.166	551	

	1.09	1.085	731	
Recozido	2.97	2.97	220	
	2.53	2.54	311	
	2.09	2.09	400	8.362
	1.48	1.48	440	
	1.27	1.27	533	

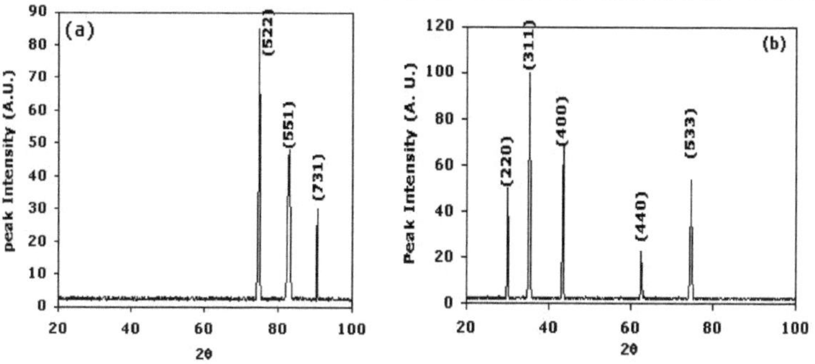

Fig. 3 Padrões de XRD para (a) filmes finos de ferrite de cobalto depositados e (b) recozidos obtidos em banho não aquoso.

Morfologia da superfície

As Fig. 4 (a) e (b) mostram imagens SEM de películas finas de ferrite de cobalto depositadas e recozidas. As películas depositadas apresentam uma disposição irregular e rugosa dos grãos, enquanto que após o recozimento se observa a formação de películas compactas, lisas e uniformes. As películas depositadas também estão bem cobertas pela superfície do substrato. O tamanho de grão das imagens SEM foi de 35 nm para as películas de ferrite de cobalto recozidas, o que confirmou a nanocristalinidade da amostra.

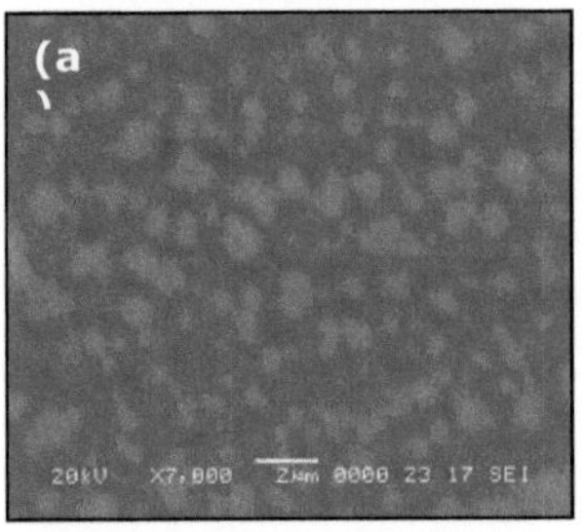

Fig. 4 Imagens SEM para (a) películas finas de ferrite de cobalto depositadas e (b) recozidas.

Estudos magnéticos

A Fig. 5 mostra a curva de histerese para películas finas de ferrite de cobalto recozidas, que mostra o comportamento normal observado para a ferrite de espinélio invertido. A partir desta curva, verificou-se que o valor da magnetização de saturação é de 298 emu/cc, o que está de acordo com o valor global da magnetização de saturação [33] para a ferrite-cobalto. A coercividade situa-se no intervalo de 0,08 a 1,02 KOe.

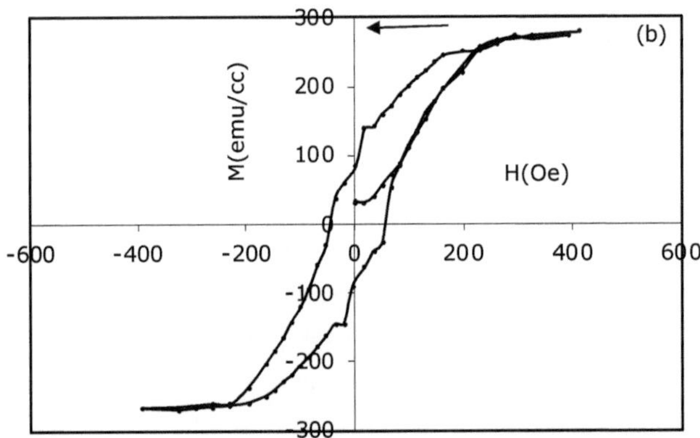

Fig. 5 Gráfico da magnetização (M) em função do campo magnético (H) para a película fina de ferrite de cobalto recozida.

Conclusão

Numa única etapa de eletrodeposição, foram depositadas películas finas de ferrite de cobalto à temperatura ambiente. Devido ao banho alcalino, foi possível a incorporação de oxigénio na película sólida, o que resultou na formação de películas finas de ferrite de cobalto à temperatura ambiente. O pós-tratamento térmico em pequena escala permitiu obter películas finas de ferrite de cobalto de boa qualidade, que apresentaram resultados comparáveis aos da massa. Os estudos de XRD confirmam a formação de películas finas cúbicas de ferrite de cobalto. As imagens SEM mostraram um crescimento suave e bem coberto da superfície do substrato, uma formação uniforme e compacta de películas finas de ferrite de cobalto. A partir de medições magnéticas, o valor da magnetização de saturação é comparável ao da ferrite de cobalto a granel. Em conclusão, a deposição de películas finas de ferrite de cobalto à temperatura ambiente a partir de um banho aquoso alcalino resultou em películas finas de ferrite de boa qualidade. A eletrodeposição é um método amigo do ambiente e não requer instrumentação sofisticada nem temperaturas elevadas, o que evita muitos eventos perigosos para o ambiente.

Referências

[1] E. S. Murdoch, 1992 *IEEE Trans. Magn.* **28** 3078

[2] G. D. Rieck, J. J. M. Thijssen, 1968 *Ata Crystallogr.* **B**. 982

[3] G. A. Sawatzky, F. Vander Woude, A. H. Morish,1968 *J. Appl. Phys.* **39** 1204.

[4] K. C. Patil, S. Sundar Moharan, D. Gajapathy, em N. P. Cheremisinoff 1990 (Ed). *Handbook of Ceramics and composites,* **Vol. 1** Synthesis and properties, Marcel dekker, Inc New York.

[5] V. S. Darshane, S. S. Lokegaonkar, S. G. Carvalho, 1997 *J. Phys. IV France* **7** C1-683.

[6] Y. Tamara, M. Kojima, N. Hasegawa. M. Tsuji, K. Eherensberger, A. Steinfeld, 1997 *J. Phys; IV France* **7** C1- 673.

[7] F. Bodker, S. Morup, S. Linderoth, 1994 *Phys. Rev. Lett.* **72** 282.

[8] M. Abe, T. Itoh, y. Tamaura, 1992 *Thin Solid Films* **216** 155.

[9] C. V. Gopal Reddy, S. V. Manorama, V. J. Rao, 2000 *J. Matter Sci. lett.* **19** 715.

[10] R. K. Ahrenkiel, t. J. Couburn, 1975 *IEEE Trans. Magn.* **11** 1103.

[11] J. W. D. martens, W. L. Peeters, H. M. Van Noort, M. Errnan, 1985 *J. Phys. Chem. Solids*. **46** 411.

[12] S. N. Okuna, S. Hashimoto, K. Inomata, 1992 *J. Appl. Phys*. **71** 5926.

[13] R. Valenzuela, 1994 *Magnetic Ceramic,* Cambridge University Press, Cambridge.

[14] N. Matsushita, S. Nakagawa 1992 *IEEE Trans. Magn*. **2850** 3108.

[15] M. Naoe, n. Matsushita, 1996 *J. Magn. Magn. Mater*. **155** 216

[16] P. C. Dorsey, P. Lubitz, D. B. Chirsey, J. S. Horwiz, 1996 J. *Appl. Phys*. **79** 6338.

[17] H. Y. Zhang, B. X. Gu, H. R. Zhai, M. Lu, H. B. Haung, 1995 *J. Magn. Magn. Mater.* **140** 699.

[18] D. M. Schleich, y. Zhang, 1995 *Mater. Res. Bull*. **30** 447.

[19] J. A. Na, 1996 *J. Appl. Phys*. **79** 4893.

[20] J. Lee, J. Y. Park, Y. Oh, C. S. Kim, 1998 *J. Appl. Phys.* **84** 2801.

[21] E. S. Murdock, R. F. Simmons, R. Davidson, 1992 *IEEE Trans. Magn*. **28** 3078.

[22] M. Abe, Y. Tamaura, Jpn. 1983 J. *Appl. Phys. Lett*. **22** 511.

[23] M. Abe, Y. Tamaura,1984 J. *Appl. Phys*. **55** 2614.

[24] V. Surve, V. Puri, 1998 *Bull. Electrochem*. **14** 151.

[25] S. S. Bellad, C. D. Lokhande e C. H. Bhosale 1997 *Ind. J. Pure Appl. Phys.* **35** 565.

[26] S. D. Sartale, C. D. Lokhande, 2002 *Ceramic International* **28** 467.

[27] R. K. Pandey, S. N. Sahu, S. Chandra, 1996 *Handbook of Semiconductor Electrodeposition,* Marcel Dekker, Inc., New York. Nova Iorque.

[28] H. Dahms e I. M. Croll, 1965 *J. Electrochem. Soc.* **112** 771.

[29] A. Brenner, 1963 *Electrodepostion of Alloys, **Vols. 1 e 2**,* Acemedic press, Nova Iorque.

[30] Ficha do ficheiro de dados JCPDS n.º 22-1086.

[31] R. V. Krishnan e A. Banerjee, 1999 *Rev. Sci. Inst*. **70** 85.

[32] S. G. Eills, 1967 J. Appl. Phys. **38** 2906.

[33] S. S. Djokie, 1994 in *Electrochemistry and Material Science of Cathodic absorption and adsorption,* B. E. Conway and G. Jerkirwiez (Ed), the electrochemical Proceeding Series New York.

[34] R. D. Waldron, 1955 *Phy. Rev.* **99** 1727.

[35] M. Cerisier, C. V. Haesendonck, and S. P. Celis, 1999 *J. Electrochem. Soc.* **146** 1824.

[36] P. N. Vasambekar, C. B. Kolekar, A. S. Vainganakar, 1999 *Mater. Chem. Phys.* **60** 282.

CAPÍTULO 12

Chrysin é a adoração das plantas por Human: Uma revisão

R. P. Bansode

Departamento de Botânica, A. S. P. College Devrukh, Dist. Ratnagiri

Correio eletrónico: dspmaspranjitdr@gmail.com

Resumo

A crisina, um composto polifenólico do grupo dos flavonóides, tem merecido grande atenção pelas suas diversas propriedades bioactivas. Este polifenol natural, caracterizado por uma espinha dorsal de flavona de 15 carbonos e padrões de hidroxilação distintos, é predominante em vários frutos, legumes, plantas medicinais e cogumelos. Em particular, a crisina é sintetizada a partir da fenilalanina através de reacções enzimáticas que envolvem a fenilalanina amónia-liase. A sua estrutura molecular compreende três anéis, com grupos hidroxilo adicionais que aumentam a sua atividade biológica. Apesar da sua baixa biodisponibilidade oral, a crisina apresenta potentes efeitos antioxidantes, anti-inflamatórios e anticancerígenos, a par de um espetro de outras actividades promotoras da saúde, tais como propriedades antivirais, neuroprotectoras, antidepressivas, antidiabéticas, anti-asmáticas, anti-fotoenvelhecimento e anti-melanogénicas. Este resumo resume a ocorrência, a síntese, a estrutura e as actividades biológicas multifacetadas da crisina, destacando o seu potencial para promover a saúde e o bem-estar humanos.

Palavras-chave: Crisina, Flavonóides, Fenilalanina, Multifacetado, Potencial

Introdução

A crisina é um composto polifenólico pertencente ao grupo dos flavonóides. Os flavonóides são metabolitos especializados abundantes nas plantas que contêm grandes grupos de baixo peso molecular, que apresentam benefícios para a saúde humana devido às suas propriedades biológicas. Os investigadores identificaram cerca de 5000 flavonóides diferentes (Pietta, 2000).

Os flavonóides são polifenóis naturais com padrões de hidroxilação e substituições, que dão origem a várias subclasses - flavanonas, antocianidinas, flavonóis, flavonas, catequinas (ou flavanóis), isoflavonas, dihidroflavonóis e chalconas (Hodnick et al., 1988, Beecher, 2003). Entre estes flavonóides, a crisina tem recebido uma atenção considerável. A crisina tem uma espinha dorsal de flavona com 15 carbonos e é um dos constituintes bioactivos mais importantes de diferentes frutos, legumes e até cogumelos.

A crisina é constituída por três anéis A, B e C. Os anéis A e C estão fundidos e um anel fenilo, B, está ligado ao segundo carbono do anel C. Tem uma estrutura de flavona e um grupo hidroxilo adicional na 5ª e 7ª posições do anel A (Fig. 1) (Samarghandian *et al* 2017).

É convertido a partir do aminoácido fenilalanina. Os fenilpropanóides são um grupo de compostos orgânicos sintetizados nas plantas a partir de aminoácidos aromáticos. Neste processo, a fenilalanina é convertida em ácido cinâmico pela enzima fenilalanina amónia-liase. Síntese da crisina devido a reacções enzimáticas. A presença de grupos funcionais hidroxilo e ceto pode resultar na formação de supramoléculas fortes com grupos funcionais complementares.

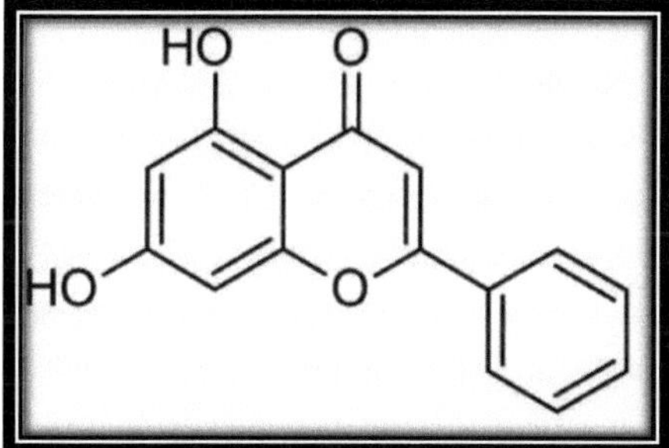

Fig: 1

Ocorrência

Em várias plantas medicinais como *a Scutellaria baicalensis*, a crisina é uma dihidroxiflavona, um tipo de flavonoide (Samarghandian *et al* 2017). Também é encontrado no mel, própolis, nas flores da paixão, *Passiflora caerulea* e *Passiflora incarnata*, em *Oroxylum indicum*, (Morissette *et. al.* 2017) cenouras (PubChem 2018), camomila, (Zhandi *et. al.* 2017), muitas frutas e em cogumelos, como *Pleurotus ostreatus*. (Samarghandian *et al* 2017). É extraído de várias plantas (PubChem 2018).

Regista-se que a quantidade de crisina no mel é de cerca de 0,2 mg por 100 g. (Istasse *et. al.* 2016) A crisina é normalmente encontrada em quantidades mais elevadas na própolis do que no mel. (Premratanachai e Chanchao 2014).

Atividade biológica da crisina:

Este composto tem sido estudado pelos seus potenciais efeitos biológicos, incluindo propriedades anti-inflamatórias, anti-cancerígenas e antioxidantes. No entanto, é importante notar que a crisina tem baixa biodisponibilidade quando tomada por via oral, o que significa que não é facilmente absorvida pelo corpo humano e é rapidamente excretada.

1. **Atividade Antioxidante:**

   A crisina apresenta efeitos antioxidantes potentes, ajudando a neutralizar os radicais livres nocivos no organismo. Esta propriedade contribui para os seus potenciais benefícios para a saúde, incluindo a proteção contra o stress oxidativo (Vijayakumar Natesan 2018, Awanish *et. al.* 2021).

2. **Propriedades anti-inflamatórias:**

   A crisina tem efeitos anti-inflamatórios, o que pode ajudar a reduzir a inflamação e as condições de saúde relacionadas. Modula as vias inflamatórias, o que a torna uma candidata promissora para a gestão de doenças inflamatórias (Monika *et. al* 2021, Awanish et. al. 2021).

3. **Potencial anticancerígeno:**

   A investigação sugere que a crisina possui propriedades anticancerígenas. Foi estudada pela sua capacidade de inibir o crescimento das células cancerosas, induzir a apoptose e suprimir a progressão do tumor. A crisina apresenta propriedades anticancerígenas bem documentadas (Sherif *et. al.* 2020). Actua através da indução da apoptose e da inibição da migração das células cancerosas (Xie e Peng 2019, Chen *et. al.* 2019). As suas propriedades antitumorais foram comprovadas em várias neoplasias malignas, incluindo o cancro da próstata (DU 145, PC-3) (Ryu *et. al.* 2019), o cancro da mama (Stompor *et. al.* 2018), o cancro do pulmão (A549), o cancro do fígado (HepG2), o cancro do cólon (SW480) (Wu *et. al.* 2019) e o cancro do pâncreas (SW1736, 8505C) (Zhang *et. al.* 2016).

4. **Atividade antiviral:**

   A crisina demonstrou efeitos antivirais contra determinados vírus. Pode interferir com a replicação viral e reduzir a carga viral (Car *et. al.* 2020, Kwon *et. al* 2020, Sadati *et. al.* 2019, Monika *et. al* 2021, Song *et. al.* 2015).

5. **Outras actividades:**

   1. Neuroprotecção: A crisina pode proteger os neurónios e apoiar a saúde do cérebro (Awanish *et. al.* 2021).

2. Anti-depressivo: Alguns estudos indicam potenciais efeitos antidepressivos (Awanish *et. al.* 2021).
3. Anti-diabético: A crisina é promissora no controlo da diabetes (Awanish *et. al.* 2021).
4. Anti-asmático: Pode ajudar a aliviar os sintomas da asma (Awanish *et. al.* 2021).
5. Anti-fotoenvelhecimento: Protege contra os danos cutâneos induzidos pelos raios UV (Awanish *et. al.* 2021).
6. Anti-Melanogénese: Inibe a produção de melanina (Monika *et. al* 2019, Awanish *et. al.* 2021).

Conclusão

A crisina é um composto multifacetado com um potencial interessante para várias aplicações no domínio da saúde. Os investigadores continuam a explorar as suas propriedades e mecanismos de ação, com o objetivo de aproveitar os seus benefícios para o bem-estar humano.

Referências

1. Beecher G. R. (2003). Overview of dietary flavonoids: nomenclature, occurrence and intake (Visão geral dos flavonóides alimentares: nomenclatura, ocorrência e ingestão). J Nutr. 133(10):3248S-3254S. doi: 10.1093/jn/133.10.3248S. PMID: 14519822
2. Pier-Giorgio Pietta (2000). Flavonoids as Antioxidants. Journal of Natural Products Vol. 63, Iss: 7, pp 1035-1042.
3. W.F. Hodnick *et al.* (1988) Electrochemistry of flavonoids: relationships between redox potentials, inhibition of mitochondrial respiration and production of oxygen radicals by flavonoids Biochem. Pharmacol.
4. Samarghandian S, Farkhondeh T, Azimi-Nezhad M (2017). "Efeitos protetores da crisina contra drogas e agentes tóxicos". *Resposta à dose.* **15** (2): 1559325817711782. doi:10.1177/1559325817711782. PMC 5484430. PMID 28694744.
5. "Chrysin: Resumo do composto para CID 5281607"(2018). PubChem, Centro Nacional de Informação Biotecnológica, Institutos Nacionais de Saúde dos EUA.

6. Morissette M, Litim N, Di Paolo T (2017). "Capítulo 2 - Fitoestrogénios naturais: Uma classe de agentes neuroprotectores promissores para a doença de Parkinson". Em Brahmachari G (ed.). Descoberta e desenvolvimento de agentes neuroprotetores a partir de produtos naturais. Elsevier Science. p. 32. doi:10.1016/B978-0-12-809593-5.00002-1. ISBN 978-0-12-809769-4.
7. Zhandi, M; Ansari, M; Roknabadi, P; Zare Shahneh, A; Sharafi, M (2017). "Chrysin administrado por via oral melhora a qualidade do esperma pós-descongelamento e a fertilidade do galo". Reprodução em animais domésticos. 52 (6): 1004–1010. doi:10.1111/rda.13014. ISSN 0936-6768. PMID 28695606. S2CID 28744455.
8. Istasse T, Jacquet N, Berchem T, Haubruge E, Nguyen BK, Richel A (2016). "Extração de polifenóis de mel: Desenvolvimento de métodos e evidências de isomerização Cis". Insights de química analítica. 11: 49-57. doi:10.4137/ACI.S39739. PMC 4981221. PMID 27547032.
9. Premratanachai P, Chanchao C (2014). "Revisão das atividades anticâncer de produtos apícolas". Jornal do Pacífico Asiático de Biomedicina Tropical. 4 (5): 337–44. doi:10.12980/APJTB.4.2014C1262. PMC 3985046. PMID 25182716.
10. Monika S. G., Agata B. B. e Maciej M. (2021). Chrysin: Perspectivas contemporâneas, Nutrientes 13(6), 2038; https://doi.org/10.3390/nu13062038.
11. Sherif, I.O.; Al-Mutabagani, L.A.; Sabry, D.; Elsherbiny, N.M (2020). Atividade antineoplásica da crisina contra o carcinoma hepatocelular humano: Nova visão sobre o eixo GPC3 / SULF2 e expressão de lncRNA-AF085935. Int. J. Mol. Sci., 21, 7642. [CrossRef]
12. Xie, Y.; Peng, X. (2019). Efeitos da crisina na apoptose na linha celular KB do carcinoma escamoso oral e os mecanismos subjacentes. J. Cent. S Univ. Med. Sci., 44, 522-527.
13. Chen, H.Y.; Jiang, Y.W.; Kuo, C.L.; Way, TD; Chou, Y.C.; Chang, Y.S.; Chung, J.G. (2019). A crisina inibe a migração e a invasão de células do melanoma humano A375.S2, afetando a sinalização MAPK e a via de sinalização NF-κB in vitro. Environ. Toxicol., 34, 434-442. [CrossRef]
14. Ryu, S.; Bazer, F.W.; Lim, W.; Song, G. (2019). A crisina leva à morte celular na endometriose pela regulação do estresse do retículo endoplasmático e do nível de cálcio citosólico. J. Cell Physiol, 234, 2480-2490. [CrossRef] [PubMed]

15. Stompor, M.; Switalska, M.; Wietrzyk, J. (2018). Síntese e avaliação biológica de derivados acil de hidroxiflavonas como potentes agentes antiproliferativos contra linhas celulares de resistência a medicamentos. Z Naturforsch. C J. Biosci., 73, 87-93. [CrossRef]
16. Wu, B.L.; Wu, Z.W.; Yang, F.; Shen, X.F.; Wang, L.; Chen, B.; Li, F.; Wang, M.K. (2019). Flavonóides das sementes de Oroxylum indicum e suas atividades anti-inflamatórias e citotóxicas. Phytochem. Lett., 32, 66-69. [CrossRef] Nutrientes 2021, 13, 2038 14 de 17
17. Zhang, C.; Yu, M.; Hao, F.; Dong, A.; Chen, D.; Zhang, K.(2016). A crisina inibe o crescimento e a apoptose induzida de células anaplásicas de câncer de tireoide via sinais Notch-1 / Slug / PUMA. Int. J. Clin. Exp. Pathol, 9, 9038-9047.
18. Car, H.; Fiedorowicz, A.; Zendzian-Piotrowska, M.; Chabowski, A.; Naliwajko, S.K.; Socha, K.; Markiewicz- ˙ Zukowska, R.; Omeljaniuk, W.J.; Borawska, M.H. (2020) Níveis de ceramida e esfingomielina no cérebro de ratos após a ingestão de crisina. Farmacia, 68,28-34. [CrossRef]
19. Kwon, M.J.; Shin, H.M.; Perumalsamy, H.; Wang, X.; Ahn, Y.J. (2020). Efeitos antivirais e possíveis mecanismos de ação de constituintes da própolis brasileira e compostos relacionados. J. Apicult. Res., 59, 413-425. [CrossRef]
20. Sadati, S.M.; Gheibi, N.; Ranjbar, S.; Hashemzadehm, M.S. (2019). Estudo de ancoragem de derivados de flavonóides como inibidores potentes de neuraminidas do vírus influenza H1N1. Biomed. Rep., 10, 33-38. [PubMed]
21. Song, J.H.; Kwon, B.E.; Jang, H.; Kang, H.; Cho, S.; Park, K.; Ko, H.J.; Kim, H. (2015) Atividade antiviral de derivados de crisina contra o coxackievirus B3 in vitro e in vivo. Biomol. Ther., 23, 465-470. [CrossRef] [PubMed].
22. Vijayakumar Natesan (2018). Chrysin: Fontes, atividades farmacológicas benéficas e mecanismo de ação molecular. https://www.academia.edu/39696926.
23. Awanish Mishra, Pragya Shakti Mishra, Ritam Bandopadhyay, Navneet Khurana, Efthalia Angelopoulou, Yam Nath Paudel e Christina Piperi (2021). Potencial neuroprotetor da crisina: Mechanistic Insights and Therapeutic Potential for Neurological Disorders, Molecules, 26(21), 6456; https://doi.org/10.3390/molecules26216456

Printed by Books on Demand GmbH, Norderstedt / Germany